MANUAL DE DISEÑO DE ESTACIONES DEPURADORAS DE AGUAS RESIDUALES

(Segunda Edición)

Aurelio Hernández Lehmann

Primera Edición, Octubre 1997
Segunda Edición, Abril 2000

Impreso en España
Printed in Spain

ISBN: 84-380-0130-0

Depósito Legal: M.31526-1997

COLEGIO DE INGENIEROS DE CAMINOS, CANALES Y PUERTOS
Servicio de Publicaciones - Colección Escuelas

Imprime: RUGARTE, S.L. - Puerto de Arlabán, 33 - 28053 Madrid *a Eva*

PRÓLOGO

El principal objetivo del presente texto es ayudar al estudiante de Ingeniería Sanitaria y Medioambiental en la comprensión de los principales parámetros empleados en el diseño de una estación depuradora de aguas residuales a través de ejemplos prácticos resueltos.

El texto se ha dividido en tres grandes bloques: los datos necesarios para el diseño, la línea de agua y la línea de fangos. Cada uno de los bloques se divide a su vez en capítulos que se corresponden con las diferentes unidades de proceso de una estación depuradora. Cada capítulo va precedido de un apartado teórico en el que se repasan los principales conceptos necesarios y en el que se facilitan los valores recomendados para el diseño. La segunda parte de cada capítulo es uno o varios casos prácticos de dimensionamiento de las unidades correspondientes. Los casos se han resuelto siguiendo una metodología similar para facilitar así su comprensión por el estudiante.

El libro va también dirigido a todos los proyectistas, constructores o responsables del mantenimiento y explotación de una estación depuradora y a todos aquellos que en su labor profesional necesiten profundizar en el tema de la depuración de las aguas residuales.

Agradezco la inestimable ayuda, comentarios útiles y sugerencias recibidas de mi padre y el apoyo de toda mi familia a lo largo de la redacción del presente libro. Mi agradecimiento más especial es sin embargo para Eva, quien con sus innumerables horas de dedicación, su apoyo constante y motivación, ha hecho realmente posible que este texto vea la luz.

Aurelio Hernández Lehmann

ÍNDICE

I. DATOS DE DISEÑO

1. CARACTERÍSTICAS DEL AGUA BRUTA

Se dispone de los datos de caudales y cargas contaminantes de una población cuyo censo actual es de 9.720 hab. que se reflejan en las tablas siguientes como "situación actual".

A partir de estos datos y considerada la evolución previsible de la población llegamos a una población máxima de 17.430 habitantes en el horizonte temporal de diseño. Considerando esta población y haciendo la hipótesis de que la contaminación en gr/hab·d permanece constante en el tiempo, se han elaborado los "datos de diseño" que servirán de base para el dimensionamiento de las diferentes etapas de la estación depuradora.

Las características del agua bruta son:

Caudales de diseño:

	Situación actual	Datos de diseño
Caudal m^3/d	3.800	6.140,6
Caudal m^3/h	158,5	256
Coefte caudal punta horario	1,75	1,75
Coefte caudal punta 2h	1,57	1,57

Cargas de diseño:

	Situación actual	Datos de diseño
Kg DBO_5/d	811,6	1.455,5
g DBO_5/hab.d	83,5	83,5
p.p.m. DBO_5	213,5	236,0
Coefte punta	2,00	2,00

	Situación actual	Datos de diseño
Kg DQO/d	1.565	2.806
g DQO/hab.d	161	161
p.p.m. DQO	412	455
Coefte punta	2,0	2,0

	Situación actual	Datos de diseño
Kg S.S.T/d	1.360	2.440
g S.S.T/hab.d	140	140
p.p.m. S.S.T.	358	396
Coefte punta	2,00	2,00

	Situación actual	Datos de diseño
Kg S.S.V/d	1.088	1.952,5
g S.S.V/hab.d	112	112
p.p.m. S.S.V.	286	318
Coefte punta	2,52	2,52

	Situación actual	Datos de diseño
Kg N-NTK / d	196	352
G N-NTK / hab · d	20,2	20,2
ppm N-NTK	51,6	57,3
Coefte punta	2,0	2,0

Otros parámetros de diseño:

	Situación actual	Datos de diseño
PH agua bruta	7,5	7,5
Temperatura media agua	15 °C	15 °C

2. CARACTERÍSTICAS EXIGIDAS EN EL VERTIDO

Las características exigidas en salida son:

DBO_5	<20 mg/l
Sólidos en suspensión	<20 mg/l
Reducción de M.O. en digestión	>40%
Sequedad fango deshidratado	>25%
Nitrógeno total	$\leq$1,0 mg/l
Nitrógeno $N\text{-}NO_3$	$\leq$20 mg/l

II. LINEA DE AGUA: CALCULO Y DIMENSIONAMIENTO

1. DETERMINACIÓN DE LOS CAUDALES Y CARGAS DE DISEÑO

El primer aspecto a considerar en el diseño de toda depuradora es la determinación de los caudales a tratar en cada una de las etapas de proceso.

La limitación de los caudales a tratar se consigue mediante la construcción de aliviaderos calculados para alcanzar un determinado grado de dilución de los vertidos. Este grado de dilución vendrá dado por el cociente:

$$\frac{Q_{med}}{Q_{med}+Q_{ll}}=\frac{1}{x}$$

siendo Q_{med}: caudal medio de aguas negras
Q_{ll}: caudal de lluvia
$1/x$: grado de dilución

En nuestro caso adoptaremos las siguientes hipótesis:

1º) A la entrada de la depuradora el caudal transportado por el emisario se limitará hasta alcanzar una dilución:

$$\frac{Q_{med}}{Q_{med}+Q_{ll}}=\frac{1}{4}$$

2º) A lo largo de la estación depuradora se construirá un by-pass, capaz de transportar el volumen total que llegará por el emisario. A este by-pass verterán el caudal aliviado en entrada de la estación depuradora, el caudal aliviado entre el pretratamiento y la decantación (tratamiento primario) con dilución:

$$\frac{Q_{med}}{Q_{med}+Q_{ll}}=\frac{1}{2{,}4}$$

3º) El caudal aliviado entre el tratamiento físico y el reactor biológico con dilución:

$$\frac{Q_{med}}{Q_{med}+Q_{ll}}=\frac{1}{1{,}8}$$

De acuerdo con lo anterior los datos base para el dimensionado de los distintos escalones de la depuración son:

Pretratamiento:

Caudales	Situación actual	Datos de diseño
Caudal medio (m^3/h)	158,5	256
Caudal punta (m^3/h) (Q_{med} x 1,95)	309	499
Caudal máximo (m^3/h) (Q_{med} x 4)	634	1.024

Tratamiento primario:

Caudales	Situación actual	Datos de diseño
Caudal medio (m^3/h)	158,5	256
Caudal punta (m^3/h) (Q_{med} x 1,95)	309	499
Caudal máximo (m^3/h) (Q_{med} x 2,4)	380	614

Cargas	Situación actual	Datos de diseño
Kg DBO_5/d	811,5	1.455,5
Kg. S.S.V /d	1.088	1.952
Kg S.S.T /d	1.360	2.440
Kg. DQO/d	1.565	2.806
Kg. N-NTK/d	196	352

Tratamiento secundario:

Los rendimientos exigidos al tratamiento primario serán de:

S.S. 55% de eliminación
DBO_5 35% de eliminación

Con lo anterior los datos de dimensionado del tratamiento secundario serán:

Caudales	Situación actual	Datos de diseño
Caudal medio (m^3/h)	158,5	256
Caudal punta (m^3/h) (Q_{med} x 1,75)	277	448
Caudal máximo (m^3/h) (Q_{med} x 1,8)	285,3	460,8

Cargas	Situación actual	Datos de diseño
Kg DBO_5/d	527,5	946,08
Kg. S.S.V /d	490	878
Kg. S.S.T /d	612	1.098
Kg. DQO/d	1.077	1.824
Kg. N-NTK/d	186	334

2. OBRA DE LLEGADA

2.1. Conceptos teóricos

2.1.1. Aliviaderos

Un punto fundamental lo constituye, en los sistemas de saneamiento unitario, el vertedero de crecidas. Su misión es la de evacuar, en el curso de agua más próximo, el excedente de caudal sobre el que se ha calculado como tope para funcionamiento de la depuradora.

Inicialmente se pensaba que en tiempo de lluvia, el agua que llegaba a la depuradora estaba tan diluida, que era innecesario realizar su depuración. Sin embargo, se ha comprobado que, en general, el agua de lluvia recogida en los primeros 10-15 minutos de la precipitación está tan contaminada como el agua residual de tipo medio y a partir de los 20-30 minutos como el agua residual diluida.

Estos hechos hacen pensar en la necesidad de construcción de depósitos de retención para tiempos de permanencia de 20 a 30 minutos, que recogen las primeras escorrentías con contaminación alta. Una vez finalizada la aportación de tormenta, el volumen retenido en estos depósitos se reintroduce en la depuradora para su correcto tratamiento.

En caso de no existir el depósito de retención, el estudio del coeficiente de dilución será función directa del tipo de red de saneamiento (secciones, pendientes, sistema de limpieza), y de las características de la cuenca receptora. Se expresa por el coeficiente:

$$\frac{Agua\ \ residual\ +\ agua\ \ de\ \ lluvia}{agua\ \ residual}$$

y sus valores oscilan normalmente entre 2 y 5.

La recomendación, en relación con los coeficientes de dilución a adoptar, es:

- Aliviadero previo a pretratamiento: 3-4
- Aliviadero previo a depuración física: 2,4
- Aliviadero previo a depuración biológica: 1,8

En caso de reducir el número de aliviaderos en las pequeñas plantas, colocando un único aliviadero a la entrada a planta, el coeficiente de dilución a emplear será de 2 a 2,4.

Esto significa, en el caso de aliviadero previo a una depuradora, con coeficiente de dilución 3, que el colector aguas abajo del aliviadero transportaría un caudal máximo de 3 Q_{med} y el aliviadero se dimensionaría para un vertido máximo de:

$$Q_V = Q_{\max} - 3 \cdot Q_{med}$$

siendo:

Q_v = caudal vertido por el aliviadero
Q_{med} = caudal medio de aguas negras.
Q_{max} = caudal máximo transportado por el colector aguas arriba, incluyendo los caudales de aguas negras y blancas.

2.1.2. Cálculo de caudales aliviados

El caudal de los vertederos viene dado por la fórmula general:

$$Q_V = \frac{2}{3} \cdot \mu\, L\, h \sqrt{2gh}$$

siendo:

Q_V = caudal vertido por el aliviadero, en m³/s.
μ = coeficiente de caudal del vertedero, adimensional.
L = longitud del umbral de vertido, en m.
h = altura de lámina sobre el umbral del vertedero, en m.
g = aceleración de la gravedad, en m/s².

Por otra parte, se designa por "P" la altura (en m) del umbral del vertedero por encima del fondo de la conducción.

Los sistemas de aliviado normalmente empleados en estaciones depuradoras consisten en vertederos rectangulares de pared delgada en un canal, sin contracción lateral y con vertido en lámina libre.

Se define así un vertedero cuando el espesor (e) del umbral es menor que la mitad de la carga (h) y cuando el vertido es tal que deja un espacio (w) lleno de aire a presión atmosférica entre la lámina y la pared de salida del umbral, y cuando la anchura de la lámina de vertido es exactamente igual a la del canal.

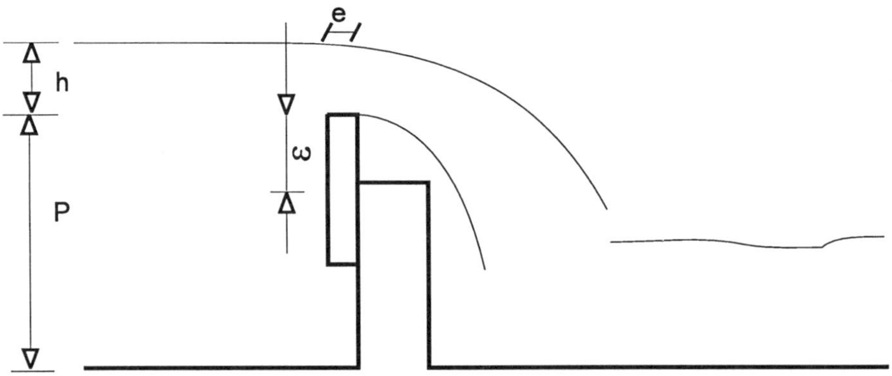

Fig. II.2.1. *Definición geométrica de un aliviadero*

Para este tipo de vertederos, el coeficiente de caudal viene dado por una de las fórmulas siguientes:

Fórmula de BAZIN:

$$\frac{2}{3}\,\mu_1 = \left(0{,}405 + \frac{0{,}003}{h}\right)\cdot\left[1 + 0{,}55\,\frac{h^2}{(h+p)^2}\right]$$

Fórmula de REHBOCK:

$$\frac{2}{3}\,\mu_2 = \frac{2}{3}\left[0{,}605 + \frac{1}{1.050\,h - 3} + 0{,}08\,\frac{h}{p}\right]$$

Fórmula propuesta por la Sociétè des Ingènieurs et Architectes Suisses (S.I.A.S.):

$$\frac{2}{3}\,\mu_3 = 0{,}410\cdot\left[1 + \frac{1}{1.000\,h + 1{,}6}\right]\cdot\left[1 + 0{,}5\,\frac{h^2}{(h+p)^2}\right]$$

Condiciones de aplicación

	p (m)	h (m)
BAZIN	0,2-2 m	0,1-0,6
REHBOCK	> h-0,1	0,25-0,9
SIAS	> h	0,25-0,9

h será la altura de la lámina de agua sobre el umbral del vertedero a una distancia del umbral 5 h.

Si no se necesita una gran exactitud o para un primer tanteo, puede utilizarse

$$Q_V = 1{,}9\;L\;\sqrt{h^3}$$

que equivale a adoptar $2\mu/3 = 0{,}43$ en la fórmula general.

2.2. Caso práctico de dimensionamiento

2.2.1. Aliviaderos

A) Aliviadero general de entrada a planta

Tal y como se expone en el apartado anterior a la entrada de la depuradora se prevé construir un aliviadero que permita alcanzar una dilución 1:4.
Suponemos que mediante los cálculos correspondientes se ha llegado a determinar que el caudal máximo para tiempo de lluvia es de:

$$Q_{Max,ll} = 3{,}1\ m^3/s.$$

Para calcular las dimensiones de este aliviadero emplearemos la fórmula:

$$Q_V = \frac{2}{3} \cdot \mu \cdot L \cdot h \cdot \sqrt{2 \cdot g \cdot h}$$

$$Q_V = Q_{max,ll} - 4 \cdot Q_{med} = 3{,}1 - \frac{1.024}{3.600} = 2{,}815 \frac{m^3}{s}$$

En nuestro caso, cuando circulan por el canal de entrada 4Qmed tenemos una altura de lámina de agua de 0,4 m, por lo tanto, tomando p = 0,45, adoptamos un valor de h de 0,35 m.

Calculamos el coeficiente $\frac{2}{3} \cdot \mu$ mediante la fórmula de la S.I.A.S:

$$\frac{2}{3} \cdot \mu = 0{,}41 \cdot \left(1 + \frac{1}{1.000 \cdot 0{,}35 + 1{,}6}\right) \cdot \left(1 + 0{,}5 \cdot \frac{0{,}35^2}{(0{,}35 + 0{,}45)^2}\right) = 0{,}452$$

$$L = \frac{Q_V}{\frac{2}{3} \cdot \mu \cdot h \cdot \sqrt{2 \cdot g \cdot h}} = \frac{2{,}815}{0{,}452 \cdot 0{,}35 \cdot \sqrt{2 \cdot 9{,}8 \cdot 0{,}35}} = 6{,}8\,m$$

B) Aliviadero entre pretratamiento y decantación primaria

En este caso, el caudal a aliviar será:

$$Q_V = Q_{max,pretrat} - Q_{max,dec.primaria} = \frac{1.024}{3.600} - \frac{614}{3.600} = 0{,}114 \frac{m^3}{s}$$

Suponemos que el aliviadero se construye en una arqueta de reparto construida a tal efecto, con lo que adoptando p = 0,5 m, y h = 0,15 m obtenemos una longitud de vertedero de:

$$\frac{2}{3} \cdot \mu = 0{,}41 \cdot \left(1 + \frac{1}{1.000 \cdot 0{,}15 + 1{,}6}\right) \cdot \left(1 + 0{,}5 \cdot \frac{0{,}15^2}{(0{,}15 + 0{,}5)^2}\right) = 0{,}424$$

$$L = \frac{Q_V}{\frac{2}{3} \cdot \mu \cdot h \cdot \sqrt{2 \cdot g \cdot h}} = \frac{0{,}114}{0{,}424 \cdot 0{,}15 \cdot \sqrt{2 \cdot 9{,}8 \cdot 0{,}15}} = 1{,}04\,m$$

adoptamos L= 1 m.

C) Aliviadero entre decantación primaria y el tratamiento biológico

El caudal a aliviar es:

$$Q_V = Q_{max,dec.primaria} - Q_{max,trat.biológico} = \frac{614}{3.600} - \frac{460,8}{3.600} = 0,043 \frac{m^3}{s}$$

Suponemos igualmente que el aliviadero se construye en una arqueta de reparto construida a tal efecto con lo que adoptando p = 0,5 y h = 0,1 m, obtenemos una longitud de vertedero de:

L = 0,75 m

2.2.2. Canal de entrada

El canal de entrada a la Estación depuradora será único y por tanto lo dimensionamos con una capacidad de transporte de 1.024 m^3/h.

Pendiente del canal	0,5%
Sección	Rectangular
Anchura del canal	0,50 m

Las características geométricas e hidráulicas de este canal son:

Altura (cm)	**Superficie (m^2)**	**Perímetro moj. (m)**	**R_H (m)**	**v (m/s)**	**Q (m^3/h)**
3	0,015	0,56	0,02678	0,46	24,93
5	0,025	0,60	0,04166	0,62	56,07
10	0,050	0,70	0,07142	0,89	160,03
15	0,075	0,80	0,09375	1,06	282,82
20	0,100	0,90	0,1111	1,19	428,04
25	0,125	1,00	0,125	1,29	579,74
30	0,150	1,10	0,13636	1,36	737,69
35	0,175	1,20	0,14583	1,43	899,92
40	0,200	1,30	0,15384	1,48	1.066,13
45	0,225	1,40	0,16071	1,52	1.234,61

Para calcular la velocidad de paso del agua a el canal se ha empleado la fórmula de Manning:

$$v = \frac{1}{n} \cdot R_H^{2/3} \cdot i^{1/2}$$

Donde:
v = velocidad de paso
1/n = coeficiente de rugosidad de Manning
R_H = radio hidráulico
i = pendiente del canal

- Qmed = Pot · Pobl.

- Qmx = n · Qmed

- leyes.

  (W)

  (Dt)

- Comprueba Dt admisible

- Dimensionado
  - Vs; Vn
  - Compruebo
  - Longitud desarrollo

3. DESBASTE: REJAS Y TAMICES

3.1. Conceptos teóricos

3.1.1. Rejas: Consideraciones generales

El desbaste se realiza por medio de rejillas (rejas, mallas o cribas), y tiene como objeto retener y separar los cuerpos voluminosos flotantes y en suspensión, que arrastra consigo el agua residual.

Se consigue así:

- Eludir posteriores depósitos.
- Evitar obstrucciones en canales, tuberías y conducciones en general.
- Interceptar las materias que por sus excesivas dimensiones podrían dificultar el funcionamiento de las unidades posteriores (desarenador, medidor de caudal, cantadores, etc.).
- Aumentar la eficiencia de los tratamientos posteriores.

Puede decirse que, salvo excepciones, la instalación de rejillas de desbaste es indispensable en cualquier depuradora, retirando al máximo las impurezas del agua para su eliminación directa, compactadas o no, en vertederos de residuos sólidos, o por incineración.

Las rejillas pueden clasificarse, con arreglo a distintos criterios, en:

- Horizontales, verticales, inclinadas y curvas
- Finas, medias y gruesas
- Fijas o móviles
- De limpieza manual, automática o semiautomática

Por razones de mantenimiento y explotación es recomendable el evitar la colocación de rejas de limpieza manual. Hoy en día ya existen en el mercado para dimensiones de 500 Hab. eq, rejas provistas de sistema automático de limpieza y extracción de residuos a un contenedor que dan excelentes resultados. El automatismo del sistema limpiador puede ser regulado.

- Con intervalo de tiempo fijo.
- Con intervalo de tiempo modificado en arreglo al grado de obstrucción de la rejilla.

Sí se recomienda no obstante la colocación de una reja de seguridad manual (separación entre barrotes 100 mm) para que en caso de fallo del sistema de limpieza automática de la reja, no se produzcan inundaciones.

3.1.2. Rejas: Parámetros de diseño

A) Velocidad de paso entre barrotes

El parámetro de control fundamental en la comprobación de rejillas es la velocidad de paso del agua entre los barrotes.

Se recomiendan las siguientes velocidades de paso a caudal medio y caudal máximo:

v_{paso} (Q_{med}) > 0,6 m/s.
v_{paso} (Q_{max}) < 1,0 m/s (con limpieza a favor de corriente)
v_{paso} (Q_{max}) < 1,2 m/s (con limpieza en contra corriente)

B) Ancho del canal en la zona de rejillas

La anchura del canal en la zona de rejillas vendrá dado por la expresión:

$$W = \frac{Q_{max}}{v \cdot D} \cdot \left(\frac{a+s}{s}\right) + C_{rej}$$

Siendo:

W = ancho del canal de rejillas (m)
Q_{max} = caudal máximo que pasa (m^3/s)
v = velocidad de paso del agua en rejillas (m/s)
D = nivel aguas arriba de la rejilla a caudal máximo (m)
a = ancho de barrotes (m)
s = separación libre entre barrotes (m)
C_{rej} = coeficiente de seguridad (m), adoptándose los siguientes valores:

- Rejillas finas: 0,10 m
- Rejillas gruesas: 0,30 m

Otra fórmula a aplicar sería la recogida en las normas DIN alemanas y que establece que el ancho del canal de desbaste puede calcularse según la siguiente expresión.

$$W = \left(\frac{J}{s} - 1\right) \cdot (s+a) + s$$

Siendo:

W = ancho del canal de rejas (m)
J = ancho del canal en la zona previa a las rejas (m)
s = separación libre entre barrotes (m)
a = ancho de los barrotes (m)

Para determinar el valor de D en el caso de la primera expresión, deben conocerse las características hidráulicas del canal de entrada. En caso de que esto no fuera posible o bien para un primer tanteo puede emplearse la fórmula siguiente, calculada para una velocidad de paso de 1 m/s.

$$D = 0{,}15 + 0{,}74\sqrt{Q_{max}}$$

siendo Q_{max} el caudal máximo en m^3/s

Para que sea válida esta expresión, es necesario que para el caudal máximo de paso, la relación práctica de anchura del canal (A) a altura de la lámina de agua H, esté entre:

$$1 \geq \frac{A}{H} \geq \frac{3}{2}$$

C) Pérdida de carga a través de una reja

La pérdida de carga puede establecerse según la fórmula:

$$\Delta h = K_1 \cdot K_2 \cdot K_3 \frac{v^2}{2g}$$

Δh = pérdida de carga (m)
v = velocidad de paso en el canal (m/s)
g = aceleración de la gravedad (m/s^2)

- Valores de K_1 (atascamiento)
  - Reja limpia: $K_1 = 1$
  - Reja atascada: $K_1 = \left(\frac{100}{C}\right)^2$

siendo C el porcentaje de sección de paso que subsiste en el atascamiento máximo tolerado. Este último, del orden del 60 al 90% está relacionado con el tipo de reja (limpieza manual o mecánica), con las dimensiones de las materias que se retienen y con su naturaleza. Para evitar el arrastre de estas materias, debe limitarse la velocidad real de paso por la reja limpia dentro de un valor comprendido entre 0,60 y 1,20 m/s.

- Valores de K_2 (forma de la sección horizontal de los barrotes):

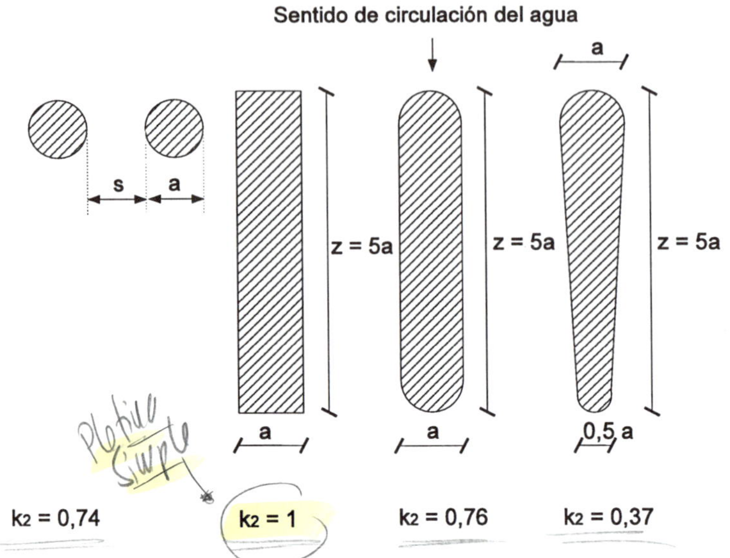

Fig. II.3.1. *Coeficiente K_2*

- Valores de K_3 (sección de paso entre barrotes).

s = separación libre entre barrotes
a = anchura de barrotes
z = espesor de los barrotes
h = altura sumergida de los barrotes, vertical u oblicua

Todos estos valores deben expresarse en la misma unidad.

Tabla II.3.1.: *Valores del coeficiente K_3*

	$\left(\frac{s}{s+a}\right)$									
$\frac{z}{4}\left(\frac{2}{s}+\frac{1}{h}\right)$	**0,1**	**0,2**	**0,3**	**0,4**	**0,5**	**0,6**	**0,7**	**0,8**	**0,9**	**1**
0	245	51,5	18,2	8,25	4,0	2,0	0,97	0,42	0,13	0
0,2	230	48	17,4	7,70	3,75	1,87	0,91	0,40	0,13	0,01
0,4	221	46	16,6	7,40	3,60	1,80	0,88	0,39	0,13	0,01
0,6	199	42	15	6,60	3,20	1,60	0,80	0,36	0,13	0,01
0,8	164	34	12,2	5,50	2,70	1,34	0,66	0,31	0,12	0,02
1	149	31	11,1	5,00	2,40	1,20	0,61	0,29	0,11	0,02
1,4	137	28,4	10,3	4,60	2,25	1,15	0,58	0,28	0,11	0,03
2	134	27,4	9,90	4,40	2,20	1,13	0,58	0,28	0,12	0,04
3	132	27,5	10,0	4,50	2,24	1,17	0,61	0,31	0,15	0,05

Puede determinarse igualmente, la pérdida de carga producida por la rejilla, por la fórmula de KIRSCHNER:

$$\Delta h = f \cdot \left(\frac{a}{s}\right)^{4/3} \cdot \frac{v^2}{2g} \operatorname{sen} \alpha$$

siendo:

Δh = pérdida de carga (m)
a = anchura de barrotes (mm)
b = separación de los barrotes (mm)
α = ángulo de la rejilla con la horizontal
v = velocidad de paso (m/s)
f = coeficiente de Kirschner dependiendo de la forma de los barrotes que puede deducirse de la figura siguiente:

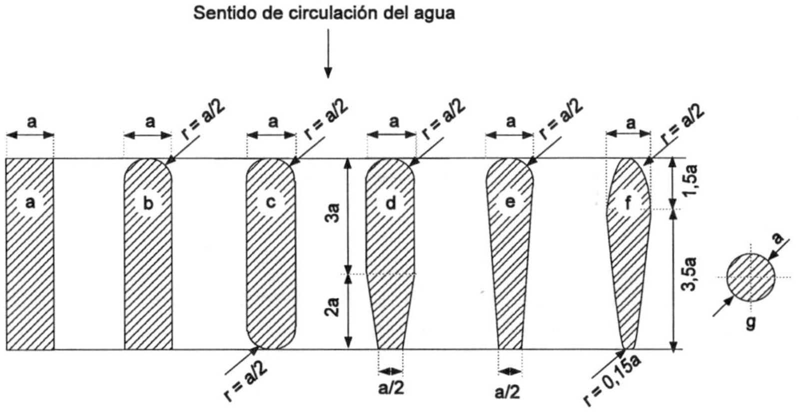

Coeficiente f = *2,42* *1,83* *1,67* *1,04* *0,92* *0,76* *1,79*

Fig. II.3.2. *Coeficiente f de Kirschner*

En esta fórmula no se contempla el grado de colmatado

Las pérdidas de carga admisibles pueden determinarse según el gráfico siguiente:

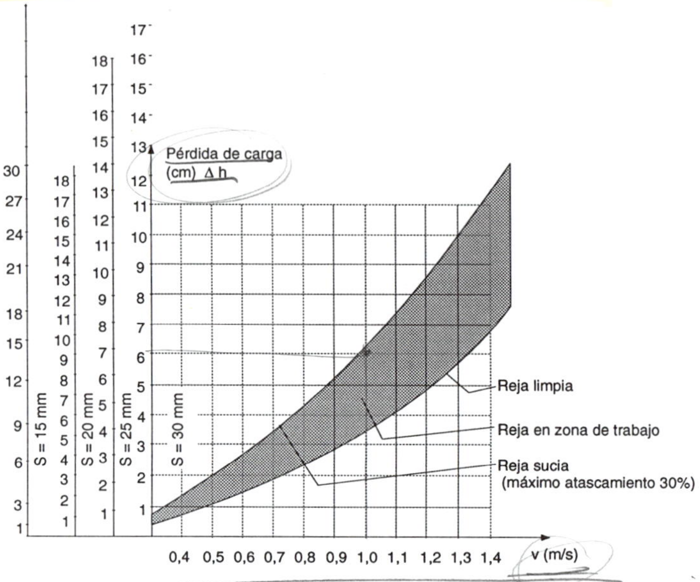

Fig. II.3.3. *Pérdida de carga admisible en rejas*

D) Materias retenidas en las rejas

Para el cálculo del volumen de materias retenido en las rejas se pueden adoptar las siguientes cifras basadas en la experiencia.

- Para separación entre barras s>40 mm, 2-3 l/hab.año
- Para separación entre barras $20 \leq s \leq 40$ mm, 5-10 l/hab.año
- Para separación entre barras $3 \leq s \leq 20$ mm, 15-25 l/hab.año

3.1.3. Tamices: Consideraciones generales

Afinando el proceso de eliminación de residuos sólidos, se llega a la utilización de tamices. El tamizado consiste, en definitiva, en una filtración sobre soporte mucho más delgado que unas rejas. Según las dimensiones de los orificios de paso del soporte, se distinguen dos variantes:

Macrotamizado (sobre chapa perforada o enrejado metálico con paso superior a 0,3 mm). Se utilizan para retener materias en suspensión, flotantes o semiflotantes, residuos vegetales o animales, ramas, etc. de tamaño comprendido entre 0,2 mm y varios milímetros.

Microtamizado (sobre tela metálica o plástica de malla inferior a 100 micras). Su uso en el tratamiento de las aguas residuales es muy limitado, únicamente en algunos casos para mejorar el agua efluente de la planta pensando en una reutilización.

El uso de tamices en estaciones depuradoras está especialmente recomendado:

- Cuando las aguas residuales brutas llevan cantidades excepcionales de sólidos en suspensión, flotantes o residuos.

- Cuando existen vertidos industriales importantes fundamentalmente del sector alimentario (residuos vegetales, huevos, semillas, residuos de mataderos, etc.)

Existen básicamente dos tipos de tamices:

– *Tamices rotatorios*

Estos aparatos se utilizan con aguas residuales poco cargadas. Se presentan en forma de un tambor cilíndrico de eje horizontal, cuando el nivel de agua residual varía relativamente poco, o en forma de una banda rotatoria sobre cadenas sin fin, cuando el nivel del agua sufre grandes variaciones.

El esquema de funcionamiento de un tamiz de este tipo puede verse en la figura siguiente:

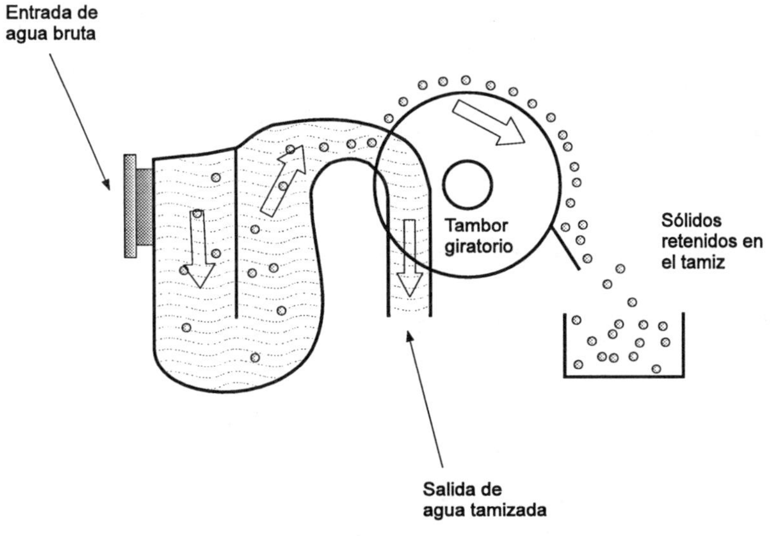

Fig. II.3.4. *Esquema de un tamiz rotativo*

El tamiz, debe ir protegido, normalmente, por una reja de paso entre barrotes entre 10 y 50 mm, según el paso del tamiz.

La pérdida de carga, es pequeña, entre 0,2-0,5 m metros.

– *Tamices estáticos*

Llevan una reja constituida por barras horizontales, normalmente de acero inoxidable, rectas o curvadas, de sección triangular. El agua se distribuye en la parte superior de la reja cuya inclinación sobre la horizontal disminuye progresivamente de arriba abajo, entre 65° y 45° aproximadamente. Se obtienen así, sucesivamente los efectos de separación, escurrido y evacuación de las materias sólidas.

3.1.4. Parámetros de diseño

Los parámetros a considerar en el diseño de una instalación de tamizado son básicamente los mismos que para las rejas:

- Velocidad de paso o en este caso caudal que es posible tratar con una unidad determinada de tamiz
- Dimensiones constructivas del equipo: ancho del canal o sección de las tuberías influentes y efluentes
- Pérdida de carga
- Cantidad de materias retenidas

No existen fórmulas generales para el cálculo de estos parámetros debido a la enorme diversidad de equipos existentes en el mercado. En cada caso particular el proyectista deberá dirigirse a los fabricantes e indagar sobre catálogos concretos qué equipo se adopta mejor a sus necesidades.

3.2. Caso práctico de dimensionamiento

3.2.1. Dimensionado de las rejas

1) Establecimiento del número de líneas de tratamiento

El caudal máximo de diseño es de 1.024 m^3/h. Se disponen 2 líneas, cada una con una capacidad hidráulica de:

$$\frac{1.024}{2} = 512 \text{ m}^3/\text{h} = 0{,}142 \text{ m}^3/\text{s}$$

2) Cálculo del ancho del canal de desbaste

Fijamos los siguientes valores:

Ancho de los barrotes:	a = 6 mm
Separación libre entre barrotes:	s = 12 mm

Establecemos para cada una de las líneas las características hidráulicas del canal:

Pendiente del canal:	0,5%

Sección: Rectangular
Anchura del canal: 0,40 m

Las características hidráulicas son:

Altura (cm)	**Superficie (m^2)**	**Perímetro**	**$R_H^{2/3}$**	**v (m/s)**	**Q (m^3/s)**
5,00	0,02	0,50	0,117	0,604	0,012
10,00	0,04	0,60	0,164	0,849	0,034
15,00	0,06	0,70	0,194	1,003	0,060
20,00	0,08	0,80	0,215	1,112	0,089
25,00	0,10	0,90	0,231	1,193	0,119
30,00	0,12	1,00	0,243	1,256	0,151
35,00	0,14	1,10	0,253	1,306	0,183
40,00	0,16	1,20	0,261	1,347	0,216
45,00	0,18	1,30	0,268	1,382	0,249
50,00	0,20	1,40	0,273	1,411	0,282

Puede observarse que los canales se han dimensionado de forma que en caso de avería de una de las rejas sea posible hacer pasar la totalidad del caudal por el otro.

En situación normal, tendremos que para un $Q_{max} = 0,142\ m^3/s$ el nivel del agua en el canal será:

$$D = 29\ cm.$$

Y la velocidad de paso:

$$v = 1,24\ m/s$$

Aplicando la expresión expuesta en el apartado 3.1.2.B):

$$W = \frac{0,142}{1,24 \cdot 0,29} \cdot \left(\frac{6+12}{12}\right) + 0,1 = 0,69\ m$$

NOTA: Si en vez de calcular las características hidráulicas del canal se hubiese empleado la fórmula aproximada, hubiésemos obtenido el siguiente resultado.

$$D = 0,15 + 0,74 \cdot \sqrt{Q_{max}} = 0,15 + 0,74 \cdot \sqrt{0,142} = 0,43$$

$$W = \frac{0,142}{1 \cdot 0,43} \cdot \left(\frac{6+12}{12}\right) + 0,1 = 0,60\,m$$

3) Cálculo de la pérdida de carga

Para calcular la pérdida de carga emplearemos la expresión:

$$\Delta h = K_1 \cdot K_2 \cdot K_3 \frac{v^2}{2g}$$

Coeficiente K_1:
Suponemos que el porcentaje de paso que subsiste en el atascamiento máximo tolerado es del 70%.

$$K_1 = \left(\frac{100}{70}\right)^2 = 2{,}041$$

Coeficiente K_2:
Adoptamos como tipo de rejas pletinas simples luego, entrando en la figura II.3.1.:

$$K_2 = 1$$

Coeficiente K_3:
a = 6 mm
s = 12 mm
z = 5 . a = 30 mm
h = 0,29 m
Con estos valores calculamos las relaciones:

$$\frac{z}{4}\left(\frac{2}{s}+\frac{1}{h}\right) = \frac{30}{4}\left(\frac{2}{12}+\frac{1}{290}\right) = 1{,}28$$

$$\left(\frac{s}{s+a}\right) = \left(\frac{12}{12+6}\right) = 0{,}67$$

y entramos en la tabla II.3.1. de donde obtenemos:

$$K_3 = 0{,}77$$

Con lo que la pérdida de carga será:

$$\Delta h = K_1 \cdot K_2 \cdot K_3 \cdot \frac{v^2}{2g} = 2{,}041 \cdot 1 \cdot 0{,}77 \cdot \frac{1{,}24^2}{2 \cdot 9{,}8} = 0{,}123 \quad \text{m}$$

$$\Delta h = 12{,}3 \text{ cm}$$

Comprobamos que el valor es admisible según la gráfica II.3.3..

4) Cálculo de la cantidad de materia retenida

Al tratarse de rejas finas $3 \leq s \leq 20$, adoptaremos un volumen de retención de 20 l/hab.año.

La cantidad de materia retenida en las rejas será:

$$17.430\,hab. \cdot 20 \frac{l}{hab. \cdot año} = 348.600 \frac{l}{año} = 955 \frac{l}{día}$$

Puesto que un contenedor de los utilizados habitualmente para la retirada de este tipo de residuos tiene 6 m^3, será necesario retirar el contenedor cada:

$$\frac{6.000}{955} = 6{,}2\ días$$

3.2.2. Dimensionado de los tamices

Tal y como se ha expuesto, este tipo de equipos se dimensionan sobre catálogo. En nuestro caso, tomando como referencia el manual de "Depuración de aguas" del Prof. Aurelio Hernández Muñoz, tomaremos los datos del tamiz rotativo expuesto en el apartado 6.2 del capítulo 5.

Tipo de láminas	Rotativos
Nº de unidades	2 Ud
Separación entre barras	1,25 mm
Tipo	6218
Diámetro cilindro	628 mm
Longitud cilindro	1.800 mm
Motor	0,75 Kw
Caudal máximo admitido por unidad	583 m^3/h
por dos unidades	1.166 m^3/h

4. DESARENADO - DESENGRASADO

4.1. Conceptos teóricos

4.1.1. Desarenado: Consideraciones generales

Su función es separar los elementos pesados en suspensión (arenas, arcillas, limos), que lleva el agua residual y que perjudican el tratamiento posterior, generando:

1) sobrecargas en fangos
2) depósitos en las conducciones hidráulicas, tuberías y canales
3) abrasión en rodetes de bombas y equipos
4) disminución de la capacidad hidráulica.

La retirada de estos sólidos se realiza en depósitos, donde se remansa el agua, se reduce la velocidad del agua, aumentando la sección de paso. Las partículas en suspensión, debido al mayor peso, se depositan en el fondo del depósito denominado desarenador.

Como regla general, para todas las poblaciones equivalentes superiores a 500 hab. deberá colocarse un desarenador, incluso en los sistemas de alcantarillado separativos.

Existen varias clasificaciones de los desarenadores atendiendo a características, a veces no totalmente disyuntivas, y con denominaciones más o menos confusas. Una de las menos equívoca podría ser la siguiente:

a) Desarenadores de flujo horizontal.
b) Desarenadores de flujo vertical.
c) Desarenadores de flujo inducido.

Se ha deducido, también experimentalmente, que la mayor velocidad de caída de la materia orgánica es de 3 a 4 cm/seg. Por consiguiente, si se fija la velocidad ascendente de un desarenador de tipo vertical en 6 cm/seg se puede asegurar que no habrá depósito de materia orgánica mientras que los granos de arena de 0,25 a 0,5 mm quedarán retenidos en su mayor parte.

Dos técnicas son la base de los procedimientos utilizados en la separación de arenas: La separación natural por decantación en canales o depósitos apropiados, y la separación dinámica con procesos utilizando inyección de aire o efectos de separación centrífuga. La separación natural requiere una constancia absoluta en el paso del agua.

4.1.2. Estructuración del cálculo de un desarenador

A) Datos base:

- caudal de entrada al desarenador
- diámetro de la arena que se quiere eliminar
- temperatura del agua

B) Determinación de las velocidades (según tablas)

- máxima V_H para evitar arrastres

En la práctica y con suficiente aproximación se pueden tomar como base los datos siguientes, válidos en sedimentación libre, para partículas de arena de densidad 2,65.

Tabla II.4.1.: *Datos de sedimentación de partículas*

d mm	**0,05**	**0,10**	**0,20**	**0,30**	**0,40**	**0,50**	**1**	**2**	**3**	**5**	**10**
V_S cm/s	0,2	0,7	2,3	4,0	5,6	7,2	15	27	35	47	74
V_S' cm/s	0	0,5	1,7	3,0	4,0	5,0	11	21	26	33	
V_H cm/s	15	20	27	32	38	42	60	83	100	130	190

en el que:

d = diámetro de la partícula de arena
V_S = velocidad de sedimentación, para un fluido de velocidad horizontal nula.
V_S' = velocidad de sedimentación, para un fluido de velocidad horizontal V_H.
V_H = velocidad horizontal crítica de arrastre de la partícula depositada.

- V_S de caída en aguas de reposo

Las aguas residuales se caracterizan por su gran variabilidad. La determinación de la velocidad de caída de partículas en agua residual puede hacerse a partir de la tabla II.4.1. ó siguiendo a KALBSKOPF, que para aguas residuales en reposo a 10 °C con partículas esféricas de cuarzo ha deducido los valores de la tabla siguiente:

Tabla II.4.2.: *Velocidad de caída de una partícula esférica en agua residual*

Granulometría (d)	**Velocidad de caída V_s**
mm	**cm/seg**
0,125	0,86
0,160	1,35
0,200	1,90
0,250	2,55
0,315	3,50

Con las velocidades horizontal (V_H) y de caída (V_S) podemos calcular la longitud teórica del desarenador:

$$L = \frac{V_H}{V_S} \cdot h$$

para dar la longitud efectiva necesaria a los desarenadores de aguas residuales, la longitud teórica "L" se multiplica por una constante K (denominada también de Kalbskopf), por lo que la longitud efectiva será:

$$Le = K \cdot L,$$

Los valores de la constante K de Kalbskopf pueden obtenerse a partir de la gráfica siguiente:

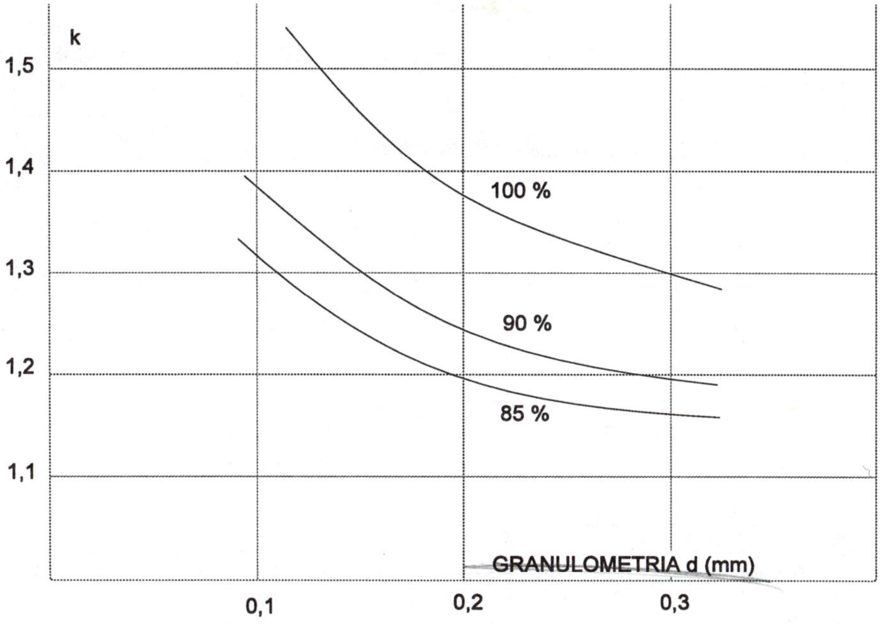

Fig. II.4.1. *Constante K de Kalbskopf*

Debe considerarse por su importancia la variación del caudal, que influye de forma importante sobre el rendimiento de los desarenadores.

Para las aguas negras las variaciones diarias reiteradas deben compensarse buscando la constancia de la V_H mediante un correcto diseño de la forma transversal del desarenador. Las variaciones estacionales o de tormenta deberán compensarse con un depósito previo de regulación, elemento complementario, o bien admitir rendimientos de retención más bajos.

C) Sección transversal

Se considera por condiciones de pared y por la formación de líneas de corriente, que la relación entre la anchura de la sección (a) y la altura útil (h), debe cumplir la relación:

$$1 < \frac{h}{a} < 5$$

D) Longitud del desarenador

- Tiempo de sedimentación en reposo vendrá dado por el cociente entre la altura útil del desarenador y la velocidad de caída de la partícula en reposo.

$$t_0 = h/V_s$$

- Se establece el rendimiento a obtener, en función de las consideraciones geométricas
- Del ábaco de HAZEN Fig. II.4.2 se determina t/t_0

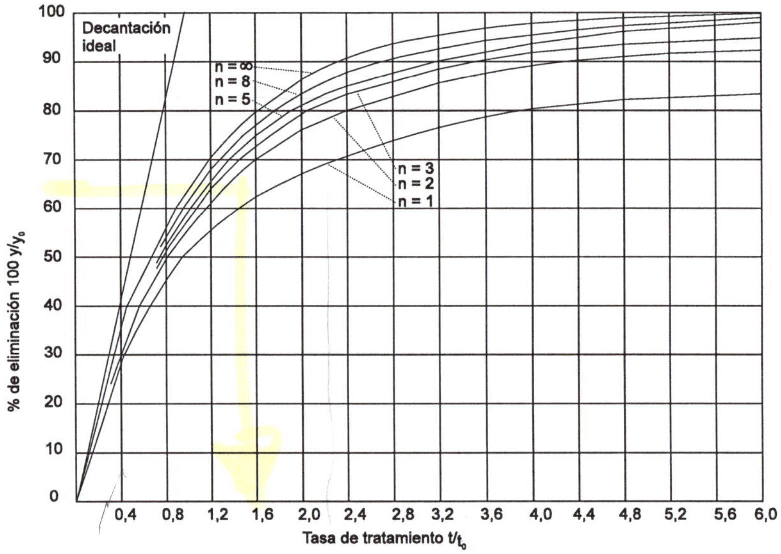

Fig. II.4.2. *Curvas de Hazen*

En las curvas anteriores de HAZEN:

t_0= tiempo de sedimentación de las partículas en aguas de reposo, que coincide con h/V_s, es decir, indica el tiempo preciso para una determinada partícula con velocidad de sedimentación V_s para sedimentar desde una altura h del tanque.

t = tiempo preciso para atravesar el tanque de desarenado por una partícula dada con una probabilidad de sedimentar y/y_o, este valor realmente está indicando el tiempo de retención de una partícula en el desarenador, o sea:

$$t = \frac{volumen \cdot del \cdot tanque}{caudal}$$

t/t_0 = tasa de tratamiento
y = cantidad de partículas de velocidad V_s sedimentadas
y_0 = cantidad de partículas de velocidad V_s entrante en el desarenador
y/y_0 = porción de partículas sedimentadas (%)

El valor de "n" a considerar entre 1 y 8 dependerá de:

- Angulo de divergencia del canal de llegada
- Cuidado de los deflectores para el canal de entrada
- Influencia de las turbulencias generadas por viento o temperatura en el tanque.

Finalmente, con el valor de t calculado, se calcula la longitud del desarenador

$$L = t \cdot V_H$$

E) Comprobación del tiempo de retención

Para simples desarenadores el tiempo de retención puede estar entre 2,5 y 5 minutos.

F) Comprobación de la velocidad ascensional

Según IMHOFF las velocidades ascensionales aceptables expresadas en (m/h), quedan reflejadas en la tabla II.4.3.

Tabla II.4.3.: *Velocidades ascensionales según Imhoff*

Velocidades ascensionales (m/h)			
	Rendimiento sedimentación (%)		
Diámetro (d) en mm	**100**	**90**	**85**
0,16	12	16	20
0,20	17	28	36
0,25	27	45	58

G) Cantidad de arenas retiradas

La cantidad de arenas retiradas de un desarenador varía mucho de una instalación a otra dependiendo fundamentalmente de:

- tipo de red de saneamiento (unitaria o separativa)
- régimen pluviométrico
- tipo de urbanización

Pueden adoptarse para el diseño los valores siguientes:

4 – 150 cm^3 arena/m^3 agua bruta

· Tiempo retención: $t_r = \frac{Vol}{Q}$ (Qmax, Qmed) $Vol = L \cdot a \cdot h$

· Velocidad ascensional: $V_{asc} = \frac{Q}{S}$ $S = L \cdot a$

4.1.3. Desengrasado: Consideraciones generales

Son importantes los volúmenes de grasas que se vierten en los colectores, procedentes de los garajes (desprovistos generalmente de decantadores de grasas antes de su acometida a la red de alcantarillado), de los hogares y calefacciones, de lavaderos, mataderos y de la escorrentía superficial en colectores unitarios.

Las grasas crean muchos problemas en la técnica de la depuración de aguas residuales, especialmente en los elementos y procesos siguientes:

- En rejillas finas causan obstrucciones que aumentan los gastos de conservación.
- En los decantadores forman una capa superficial que dificulta la sedimentación al atraer hacia la superficie pequeñas partículas de materia orgánica.
- En la depuración por el sistema de fangos activados dificultan la correcta aireación disminuyendo el coeficiente de transferencia al 55-70% al subir las grasas de 0 a 70 mg/l. y participan en la producción del fenómeno de "bulking".
- Perturban el proceso de digestión de lodos.
- La D.Q.O. se incrementa en un 20 a 30%, por las grasas contenidas en los vertidos.

Las cantidades de grasas incorporadas en las aguas residuales son muy variables, pero, para aguas urbanas, pueden considerarse unas cifras de 24 g por habitante y día, o bien el 28% de los sólidos en suspensión.

El sistema más comúnmente empleado para la eliminación de grasas consta de 2 fases:

a) La emulsión de las grasas en el arenero mediante aireación, permitiendo su ascenso a la superficie, y su subsecuente retirada.

   La velocidad ascensional de las burbujas de grasa puede estimarse entre 3 y 4 mm/s.

b) Separación de grasas residuales en las balsas de decantación, retirando éstas por medio de rasquetas superficiales.

4.1.4. Desarenado-desengrasado conjunto

El desarenado y el desengrasado pueden realizarse de forma separada o bien conjuntamente en un mismo depósito. Esta última alternativa presenta las siguientes ventajas:

- Las velocidades de sedimentación de las arenas y de flotación de las partículas de grasa no se modifican prácticamente por realizar el desarenado y la desemulsión de grasas en el mismo depósito. Ello es lógico si se considera la diferencia de densidades entre las partículas de arena y de grasa.

- El aire comprimido añadido para la desemulsión ayuda a impedir la sedimentación de las partículas de fango, poco densas por lo que la arena depositada en el fondo del desarenador es más limpia.

- Las partículas de arena, al sedimentar, deceleran las velocidades ascensionales de las partículas de grasa. Disponen así éstas de más tiempo para ponerse en contacto entre sí durante su recorrido hacia la superficie, aumentándose el rendimiento de la flotación de grasas.

Las necesidades de inyección de aire para evitar la sedimentación de materia orgánica, con acción de desemulsionado de grasa pueden deducirse de la siguiente tabla, en función de la superficie transversal "S" del desarenador.

Tabla II.4.4.: *Caudales de aire en un desarenador-desengrasador*

$S(m^2)$	3	4	5	6	7	8	9	10	11	12	13	14	15
$C_{(a)}$ $(m^3/h/m)$	4,5-10,5	6-11,5	7,5-13	9-14	10-15	12-17	13-18	15-19	16-20	18-21	19-22	21-23	22-25

Siendo $C_{(a)}$ los m³ por hora de aire por metro de longitud del desarenador.

La figura siguiente muestra un ejemplo de un desarenador–desengrasador conjunto tipo:

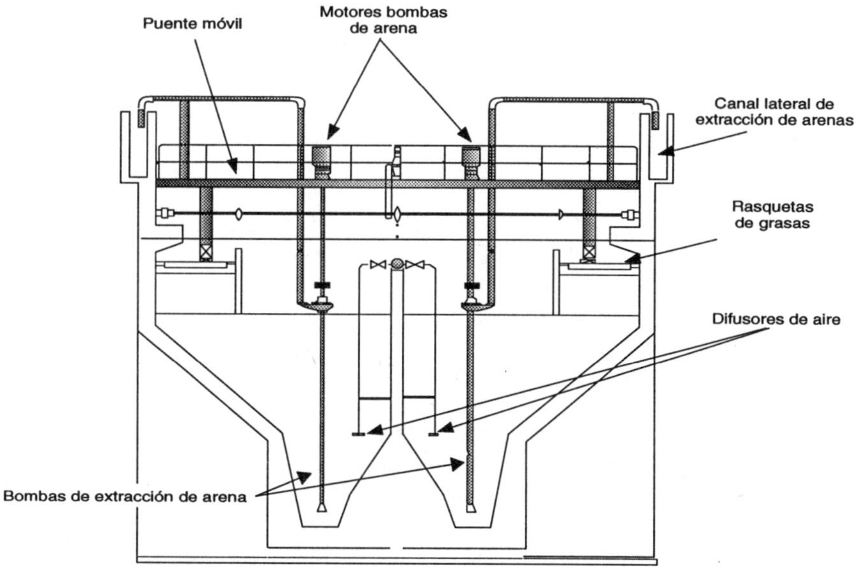

Fig. II.4.3. *Ejemplo desarenador-desengrasador conjunto*

4.2. Caso práctico de dimensionamiento

DATOS DE DISEÑO

	DATOS DE DISEÑO
Caudal medio(m^3/h)	256
Caudal punta(m^3/h)	499
Caudal máximo (m^3/h)	1.024
Diámetro arena a eliminar	> 0,15 mm
Temperatura agua	15 °C

Como estamos dimensionando dos líneas, los caudales a considerar por línea serán lógicamente Q/2.

CALCULO

A) Velocidades

Entrando en la tabla II.4.1., determinamos la velocidad crítica para evitar arrastres; velocidad máxima horizontal.

Velocidad máxima horizontal (V_H): < 23 cm/s = 0,23 m/s

También podríamos haberlo calculado con la fórmula de Bloodgood:

$$V_c = \sqrt{230 \cdot (s-1) \cdot d} = \sqrt{230 \cdot (2{,}65-1) \cdot 0{,}15 \cdot 10^{-3}} = \sqrt{0{,}12} = 0{,}24 \text{ m/s}$$

Adoptamos para el cálculo:

$$V_H = 0{,}23 \text{ m/s}$$

La velocidad de caída de la partícula en agua en reposo la obtenemos de la tabla II.4.1 ó de la tabla de Kalbskopf II.4.2. En nuestro caso:

$$V_S = 1{,}35 \text{ cm/s}$$

B) Sección transversal

Fijamos una sección transversal tipo por línea según la figura, tomando las siguientes recomendaciones de proporcionalidad por motivos de explotación y condiciones de pared y formación de líneas de corriente.

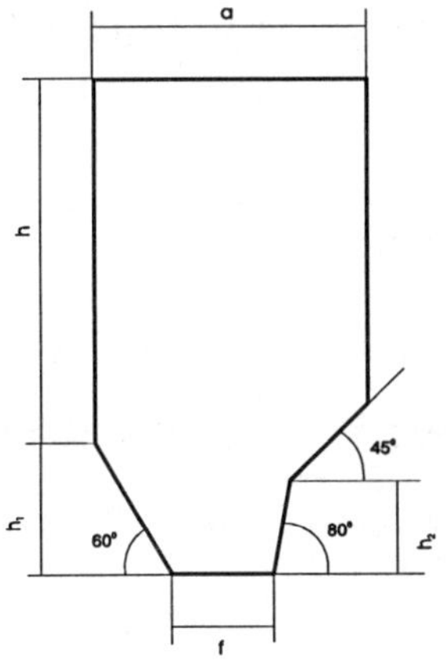

- $1 < \frac{h}{a} < 5$
- $0{,}3 \leq h_1 \leq 0{,}8$ m
- $0{,}3 \leq f \leq 0{,}5$ m
- $h_2 = 0{,}75 \cdot h_1$

Fig. II.4.4.

En nuestro caso la sección transversal útil por línea vendrá dada por:

Q_{max} por línea : $\frac{1.024}{2} \cdot \frac{1}{3.600} = 0{,}142$ m³/s

Sección transv. $\frac{Q_{max}}{V_H} = \frac{0{,}142}{0{,}23} = 0{,}62$ m²

Adoptamos la siguiente sección:

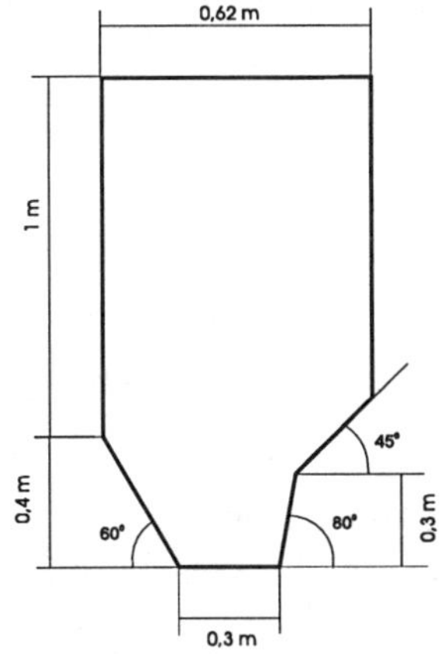

- $\frac{h}{a} = \frac{1}{0{,}62} = 1{,}61$
- $h_1 = 0{,}4$ m
- $h_2 = 0{,}75 \cdot h_1 = 0{,}3$ m
- $f = 0{,}3$ m

Fig. II.4.5.

C) Longitud del desarenador

El tiempo de sedimentación en reposo vendrá dado por el cociente entre la altura útil del desarenador y la velocidad de caída de la partícula en reposo.

$$t_0 = \frac{h}{V_S} = \frac{100}{1{,}35} = 74{,}07 \text{ s} = 1 \text{ min } 14 \text{ s}$$

El rendimiento a obtener lo obtenemos a partir de las curvas de Hazen (Fig II.4.2.)

En nuestro caso consideraremos:
% sedimentación: 85%
Rendimiento bueno: n=3

Obtenemos un valor de $\frac{t}{t_0}$ = 2,5.

El tiempo preciso para atravesar el tanque del desarenador por una partícula según las hipótesis hechas será:

$$t = 2{,}5 \cdot t_0 = 2{,}5 \cdot 74{,}07 = 185{,}17 \text{ s} = 3 \text{ min } 5 \text{ s}$$

La longitud precisa de desarenador será pues:

$$L = t \cdot V_H = 185 \cdot 0{,}23 = 42{,}55 \text{ m}$$

D) Comprobaciones

- Tiempo de retención

Se han fijado en el apartado anterior 3 min 5 s, lo cual es válido para un desarenador simple ($2{,}5 \leq t_R \leq 5$ min).

- Velocidad ascensional a caudal máximo

$$V_{asc} = \frac{\frac{1.024}{2}}{42{,}55 \cdot 0{,}62} = 19{,}41 \text{ m/h}$$

Optimización del desarenador

A raíz del diseño inicial realizado podemos observar dos aspectos a mejorar:

1. Longitud - que resulta excesiva
2. Velocidad ascensional – aunque inferior a los 20 m/h, está muy justa.

Para ello lo que hacemos es aumentar la sección.

Adoptamos un valor inferior de la velocidad máxima horizontal V_H.

Nuevo V_H = 0,07 m/s

Con lo que la nueva sección transversal será:

$$\frac{Q_{max}}{V_H} = \frac{0{,}142}{0{,}07} = 2{,}1 \text{ m}^2$$

Adoptamos la siguiente sección:

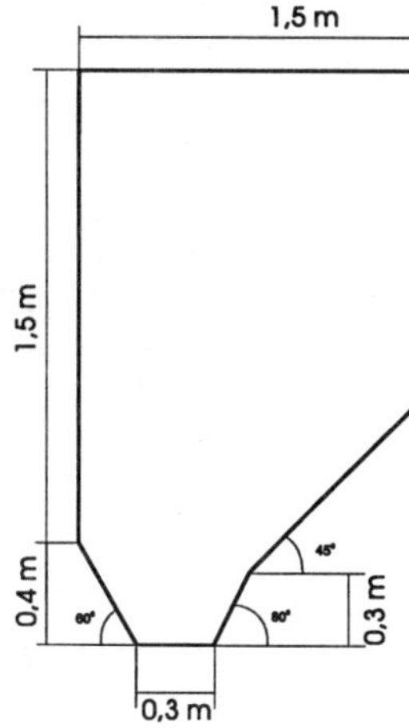

Fig. II.4.6.

Comprobamos

- $\frac{h}{a} = \frac{1,5}{1,5} = 1$
- $h_1 = 0,4$ m
- $h_2 = 0,75 \cdot h_1 = 0,3$ m
- f = 0,3 m

El nuevo tiempo de sedimentación en reposo será:

$$t_0 = \frac{h}{V_s} = \frac{150}{1,35} = 111\, s = 1\, min\ 51\, s$$

y el nuevo tiempo preciso para atravesar el tanque:

$$t = 2,5 \cdot t_0 = 2,5 \cdot 111 = 277,5 \text{ s} = 4 \text{ min } 37 \text{ s}$$

siendo entonces la nueva longitud del desarenador:

$$L = t \cdot V_H = 277,5 \cdot 0,07 = 19,5 \text{ m}$$

Comprobaciones:

- Tiempo de retención

4 min 37 s (válido)

- Velocidad ascensional a caudal máximo

$$V_{asc} = \frac{\frac{1.024}{2}}{19,5 \cdot 1,5} = 17,5 \quad \text{m/h (válido)}$$

E) Cálculo de las necesidades de oxigenación

Superficie útil transversal total (2 ud) 4,5 m^2

Volumen de aireación (tabla II.4.4) 9 $m^3/h/m$
Volumen total de aireación 19,5*9=175,5 Nm^3 de aire/hora

Se adoptarán 3 soplantes (una en reserva) de caudal unitario 88 Nm^3/hora

F) Producción de arenas y grasas

- Producción de arenas
  Según el apartado 4.1.2.G) adoptamos un valor medio para la cantidad de arena a extraer de 50 cm^3/m^3

$$Volumen\ arenas = \frac{50 \cdot 256 \cdot 24}{1.000.000} = 0{,}307\ \frac{m^3}{d}$$

- Producción de grasas
  Según el apartado 4.1.3. adoptamos un valor medio de 24 g/hab·d incorporados en el influente a planta.

  Suponiendo un rendimiento de eliminación en el desarenador-desengrasador del 30%:

$$Volumen\ grasas\ =\ 0{,}3 \cdot 0{,}024 \cdot 17.430 = 125\ \frac{kg}{d}$$

5. DECANTACION PRIMARIA

5.1. Conceptos teóricos

5.1.1. Consideraciones generales

El objetivo fundamental de la decantación primaria es la eliminación de los sólidos sedimentables. La mayor parte de las sustancias en suspensión en las aguas residuales no pueden retenerse, por razón de su finura o densidad, en las rejillas, desarenadores y cámaras de grasa, ni tampoco pueden separarse mediante flotación por ser más pesadas que el agua.

La reducción de la velocidad de corriente por debajo de un determinado valor, (función de la eficacia deseada en la decantación), es el fundamento de la eliminación de un 50 a 60 por 100 de las materias en suspensión del influente. Al depositarse estas partículas de fango, arrastran en su caída una cierta cantidad de bacterias, con lo que se alcanza también, en este tipo de tratamiento una reducción de la DBO y una cierta depuración biológica.

Sirven como decantadores todos los depósitos que sean atravesados con velocidad suficientemente lenta y de forma adecuada por el agua a depurar. La exigencia, sin embargo, de separar fácil y rápidamente las partículas sedimentadas de las aguas clarificadas ha conducido a ciertas formas especiales.

Los elementos fundamentales de todo decantador son:

a) Entrada del afluente: Deben proyectarse en forma tal que la corriente de alimentación se difunda homogéneamente por todo el tanque desde el primer momento.

b) Deflectores: Suelen colocarse a la entrada y salida de la balsa sirviendo, el primero, para conseguir una buena repartición del caudal afluente, y el segundo para retención de las sustancias flotantes, grasas y espumas.

c) Vertedero de salida: Su nivelación es muy importante para el funcionamiento correcto de la clarificación. Por otro lado, para no provocar levantamiento de los fangos sedimentados, la relación del caudal afluente a la longitud total de vertido debe ser menor de 10-12 $m^3/h/m$.

d) Características geométricas: Las relaciones entre ellas deben ser las adecuadas para la sedimentación de los tipos de partículas previstas. Su forma puede ser rectangular, cuadrada o circular.

La sedimentación puede ser:

- de flujo horizontal
- de flujo vertical

5.1.2. Parámetros de diseño

A) Velocidad ascensional

Se define como el cociente entre el caudal a tratar y la superficie de decantación:

$$V_{asc} = \frac{Q}{S}$$

Siendo:

- S = Superficie de decantación (m²)
- Q = Caudal a tratar (m³/h)
- V_{asc} = Velocidad ascensional (m/h)

Los valores de la velocidad ascensional pueden obtenerse de las siguientes tablas:

Tabla II.5.1.: *Velocidades ascensionales a caudal medio*

Decantación primaria	**Velocidad a caudal medio**		
	Valor mínimo	Valor típico	Valor máximo
Decantadores circulares	1,00 m/h	1,50 m/h	2,00 m/h
Decantadores rectangulares	0,80 m/h	1,30 m/h	1,80 m/h

Tabla II.5.2.: *Velocidades ascensionales a caudal máximo*

Decantación primaria	**Velocidad a caudal máximo**		
	Valor mínimo	Valor típico	Valor máximo
Decantadores circulares	2,00 m/h	2,50 m/h	3,00 m/h
Decantadores rectangulares	1,80 m/h	2,20 m/h	2,60 m/h

Cuando la decantación primaria se usa como tratamiento único deben disminuirse las cifras anteriores en un 30%.

B) Tiempo de retención

Se define como el cociente entre el volumen del tanque de decantación y el caudal a tratar

$$t_R = \frac{V}{Q}$$

Siendo:

- V = volumen de decantación (m³)
- Q = caudal a tratar (m³/h)
- t_R = tiempo de retención (h)

Los valores del tiempo de retención pueden obtenerse de las siguientes tablas:

Tabla II.5.3.: *Tiempos de retención*

Decantación primaria	**Tiempo de retención**		
	Valor mínimo	Valor típico	Valor máximo
Tiempo de retención para caudal medio	1,50 h	2,00 h	3,00 h
Tiempo de retención para caudal máximo	1,00 h	1,50 h	2,00 h

Cuando la decantación primara se usa como tratamiento único deben aumentarse las cifras anteriores en un 30%.

C) Relaciones dimensionales

En decantadores circulares de flujo vertical:

Siendo:
- h = altura del decantador
- ϕ = diámetro del decantador

puede tomarse:
- $\phi < 40$ m
- $h < 3$ m

En decantadores rectangulares de flujo horizontal:

Siendo:
- L = longitud del decantador
- h = altura útil del decantador
- b = ancho del decantador

pueden usarse las siguientes relaciones:

Tabla II.5.4.: *Dimensiones en decantadores rectangulares*

Decantación primaria	Valor mínimo	Valor típico	Valor máximo
L	5	-	90
L/h	5	15	40
L/b	1,5	4,5	7,5
H	1,5	3	3

Para un primer tanteo, puede tomarse, según Huisman:

$$H = \frac{1}{12} L^{0,8} \quad ; \quad b = \frac{1}{8,5} L^{1,4}$$

D) Dimensiones de la zona de entrada

- En decantadores circulares de flujo vertical, siendo:
  ϕ_1 = diámetro del cilindro central de entrada
  h_1 = altura del cilindro central desde el borde superior del decantador
  ϕ = diámetro del decantador
  h = altura del decantador

Pueden tomarse las siguientes relaciones:

Tabla II.5.5.: *Dimensiones en decantadores circulares*

	Valor mínimo	Valor típico	Valor máximo
ϕ_1 / ϕ	0,05	0,1	0,2
h_1 / h	0,25	0,40	0,65

- En decantadores rectangulares de flujo horizontal, siendo:

Δh = Pérdida de carga ocasionada por el sistema de entrada al decantador.

Puede tomarse como valor el dimensionado del sistema:

Δh = de 0,20 a 0,30 m

E) Longitud del vertedero de salida

Se define como carga sobre vertedero al cociente entre el caudal a tratar y la longitud de vertedero.

$$V_{vert} = \frac{Q}{L}$$

Siendo:
  L = longitud necesaria de vertedero (m)
  Q = caudal a tratar (m³/h)
  V_{vert} = carga sobre vertedero (m³/h/m)

Tabla II.5.6.: *Carga sobre vertedero*

Decantadores primarios	Valor mínimo	Valor típico	Valor máximo
Decantadores circulares (m^3/h·m)	5	9,5	18
Decantadores rectangulares(m^3/h·m)	5	10	26

F) Barrederas de fangos

Siendo V_r = velocidad lineal de las barrederas de fondo en decantadores.

Puede tomarse:

Tabla II.5.7.: *Velocidad de barrederas de fondo*

	Valor mínimo	Valor típico	Valor máximo
Vr (m/min)	0,3	0,6	1,2

Las inclinaciones de los fondos para dichas rasquetas suelen ser:

- En decantadores circulares — Del 2 al 8%
- En decantadores rectangulares — Del 0,5 al 2%

Dependiendo del sistema de rasquetas empleado.

G) Producción de fangos

La cantidad de fangos producidos en la decantación primaria suele calcularse directamente multiplicando la concentración de sólidos en suspensión en el agua bruta por un coeficiente de reducción de sólidos en decantación primaria. Este coeficiente oscila entre el 40 y el 60%.

$$F1 = K \cdot kg.SST/d_{, \text{ agua bruta}}$$

Siendo:
K: coeficiente 0,4-0,6

Como valores usuales de la concentración de fangos en la salida de purga del decantador, pueden tomarse

Tabla II.5.8.: *Concentración de fangos primarios (%)*

Fangos primarios	Valor mínimo	Valor típico	Valor máximo
Decantadores de succión	1	1,5	2
Decantadores de pocetas	3	5	6

4%

H) Pocetas de fangos

El volumen necesario de la o las pocetas necesarias vendrá dado por la expresión:

$$V = Q_f \times T_r$$

Siendo:
V = volumen de poceta o pocetas (m^3)
Q_f = caudal medio de fangos producidos (m^3/h)
T_r = tiempo de retención del fango en pocetas (h)

Los valores usuales del tiempo de retención en pocetas pueden tomarse de la tabla II.5.9.

Tabla II.5.9.: *Tiempo de retención en pocetas de decantadores*

Tiempo de retención en pocetas de decantadores primarios	Valor mínimo (h)	Valor típico (h)	Valor máximo (h)
Decantador circular sin rasquetas de espesador	0,5	2	5
Decantador circular con rasquetas de espesador	4	6	8
Decantador rectangular	4	10	24

Notas:

1) En los decantadores circulares con rasquetas de espesado se pueden alcanzar concentraciones del fango de hasta el 8%.

2) No obstante los tiempos de retención indicados para el dimensionado de pocetas, lo normal suele ser el que las purgas de fangos se realicen continuamente o mediante temporizaciones cortas.

5.2. Caso práctico de dimensionamiento

DATOS DE DISEÑO

Caudales	Situación actual	Datos de diseño
Caudal medio (m^3/h)	158,5	256
Caudal punta (m^3/h) (Q_{med} x 1,95)	309	499
Caudal máximo (m^3/h) (Q_{med} x 2,4)	380	614

Cargas	Situación actual	Datos de diseño
Kg DBO_5/d	811,5	1.455,5
Kg. S.S.V /d	1.088	1.952
Kg S.S.T /d	1.360	2.440
Kg. DQO/d	1.565	2.806
Kg. N-NTK/d	196	352

Tipo de decantadores

Circulares según croquis adjunto.

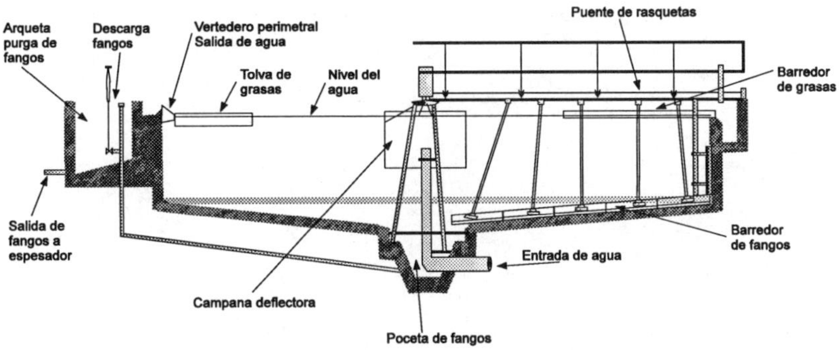

Fig. II.5.1.

Número de unidades:	2 ud
Rendimientos establecidos:	55% eliminación SS
	35% eliminación DBO_5

Tomando como referencia los cuadros expuestos en el apartado teórico se han seleccionado los siguientes parámetros para el diseño:

Velocidad ascensional a Q_{med}: V_{asc} (Q_{med}) = 1,3 m^3/m^2 h
Velocidad ascensional a Q_{max}: V_{asc} (Q_{max}) = 2,2 m^3/m^2 h
Tiempo de retención a Q_{med}: t_R (Q_{med}) = 2,5 horas
Tiempo de retención a Q_{max}: t_R (Q_{max}) = 1,5 horas

Carga máxima sobre vertedero a Q_{med}:V_v (Q_{med}) = 9,5
Carga máxima sobre vertedero a Q_{max}:V_v (Q_{max}) = 18
Dimensiones de la zona de entrada:

Relación entre diámetros :	$\Phi_1/\Phi = 0,15$
Relación entre alturas:	$h_1/h = 0,50$
Velocidad barredora de fangos:	0,6 m/min=1 cm/s
Inclinación fondo del decantador:	3%
Tiempo de retención en pocetas:	Máx. 5 horas

CALCULO

1) Cálculo de la superficie horizontal

Calculamos la superficie horizontal necesaria para Q_{med}:

$$V_{asc}(Q_{med}) = \frac{Q_{med}}{S_H}$$

$$1,3 = \frac{256}{S_H}$$

$$S_H \geq 197\ m^2$$

Calculamos la superficie horizontal necesaria para Q_{max}:

$$V_{asc}(Q_{max}) = \frac{Q_{max}}{S_H}$$

$$2,2 = \frac{614}{S_H}$$

$$S_H \geq 279\ m^2$$

2) Cálculo del volumen

El volumen teórico según el tiempo de retención a Q_{med} será:

$$t_R(Q_{med}) = \frac{V}{Q_{med}}$$

$$V = 2,5 \cdot 256 = 640\ m^3$$

El volumen teórico según el tiempo de retención a Q_{max} será:

$$t_R(Q_{max}) = \frac{V}{Q_{max}}$$

$$V = 1.5 \cdot 614 = 921\ m^3$$

3) Relaciones dimensionales

Número de unidades: 2 Uds.

Superficie unitaria: $\frac{279}{2} \approx 140$ m^2

Radio adoptado: $\Pi \cdot r^2 = 140 \rightarrow r = 6,67$; adoptamos r = 6,7 m

Volumen unitario: $\frac{921}{2} = 460,5 \approx 460$ m^3

Altura recta en vertedero: $h = \frac{V}{S} = \frac{460}{140} = 3,29\ m$

La altura nos sale ligeramente superior a los 3 m recomendados. Para corregir esto, fijamos la altura en 3 m y ampliamos la superficie horizontal.

Nueva $S_H = \frac{Vol}{h} = \frac{460}{3} = 153,3 \approx 155$ m^2

Nuevo radio $= \Pi \cdot r^2 = 155 \rightarrow r = 7{,}02$ m

Nueva velocidad ascensional:

$$V_{asc}(Q_{med}) = \frac{256}{2 \cdot 155} = 0{,}83 \frac{m^3}{m^2 \cdot h}$$

$$V_{asc}(Q_{max}) = \frac{614}{2 \cdot 155} = 1{,}98 \frac{m^3}{m^2 \cdot h}$$

4) Zona de entrada

Altura en zona reparto considerando una pendiente en la solera del 3%:

$$h' = h + 0{,}21 = 3{,}21 \text{ m}$$

Altura sumergida en chapa deflectora:

Adoptamos $\frac{h_1}{h} = 0{,}4$; $h_1 = 3{,}21 \cdot 0{,}4 = 1{,}3\ m$

Diámetro chapa deflectora:

$\Phi_1/\Phi = 0{,}15$; luego: $\Phi_1 = 0{,}15 \cdot 7{,}02 \cdot 2 = 2{,}1$ m

5) Vertedero de salida

Longitud del vertedero:

$$2 \cdot \Pi \cdot r = 44{,}1 \text{ m}$$

Caudal vertido por metro a Q_{med}:

$$\frac{256/2}{44{,}1} = 2{,}90 \text{ m}^3\text{/h/m} < 9{,}5$$

Caudal vertido por metro a Q_{max}:

$$\frac{614/2}{44{,}1} = 6{,}96 \text{ m}^3\text{/h/m} < 18$$

6) Producción de fangos

Se ha fijado un rendimiento de eliminación de S.S. del 55%, por tanto, la cantidad de fangos producidos será:

F1(SST) = 0,55·2.440 = 1.342 kg SST/d

De estos suponemos que la fracción de volátiles es del 65% por lo que:

F1(SSV) = 0,65·F1(SST) = 880 kg SSV/d

La concentración de purga será 3%.

$$\frac{DBO_5\ (mg/l)}{1000} \cdot Q\ (m^3/d) = DBO_5\ (kg/día)$$

① FANGOS ACTIVOS:

① η:

$$\eta = \frac{ks \cdot DBOe - DBO_5}{ks\,DBOe} \rightarrow \text{(con DA)}$$

(DBO_5 en mg/l)

$$\eta = \frac{DBOe - DBO_5}{DBOe} \text{ (sin DA)}$$

$$\left(ks = \frac{100 - \%\,DBO\,rel}{100} \right)$$

DA → ks

② Cm / Cv:

$$Cv = \frac{DBOe}{Vol}$$

(DBOe en kg/d)

$$Cm = \frac{Cv}{x}$$

Cm; Cv / x → tabla II 6.1.2 pg. 57 ⇒ Vol (m^3)

---

② LECHOS BACTERIANOS:

1º LB

① Rendimiento:

$$\eta = \frac{DBOe \cdot ks - DBO_5}{DBOe\, ks}$$

(DBOe·ks en mg/l)

② Recirculación:

Tabla pg. 89

$$f = \frac{1 + r \text{ (tanto por 1)}}{(1 + 0{,}1 \cdot r)^2}$$

③ Vol:

$$\eta = \frac{1}{1 + 0{,}443 \sqrt{\frac{W}{Vol \cdot F}}}$$

$$W = DBOe \cdot ks$$

(W en kg/d)

2º LB.

① Rendimiento: $\eta_1 = \eta^{\circ}$ (en torno a 0,7)

$$\eta_2 = \frac{(1-\eta_1) \cdot ks\,DBOe - DBO_5}{(1-\eta_1)\ ks \cdot DBOe}$$

($ks\,DBOe$, DBO_5 en mg/l)

② Recirculación (como antes)

6. DEPURACION BIOLOGICA CONVENCIONAL

6.1. Fangos activos

6.1.1. Conceptos teóricos

6.1.1.1. Consideraciones generales

El fundamento del sistema de fangos activos reside en la propiedad que tiene el agua residual (una vez eliminados de la misma los sólidos sedimentables) al ser sometida durante algún tiempo a la inyección de aire, de producir la coagulación de aquellas sustancias en suspensión que, por su estado son incapaces de sedimentar solas. Esta coagulación determina su sedimentación.

El esquema del proceso queda reflejado en la figura siguiente:

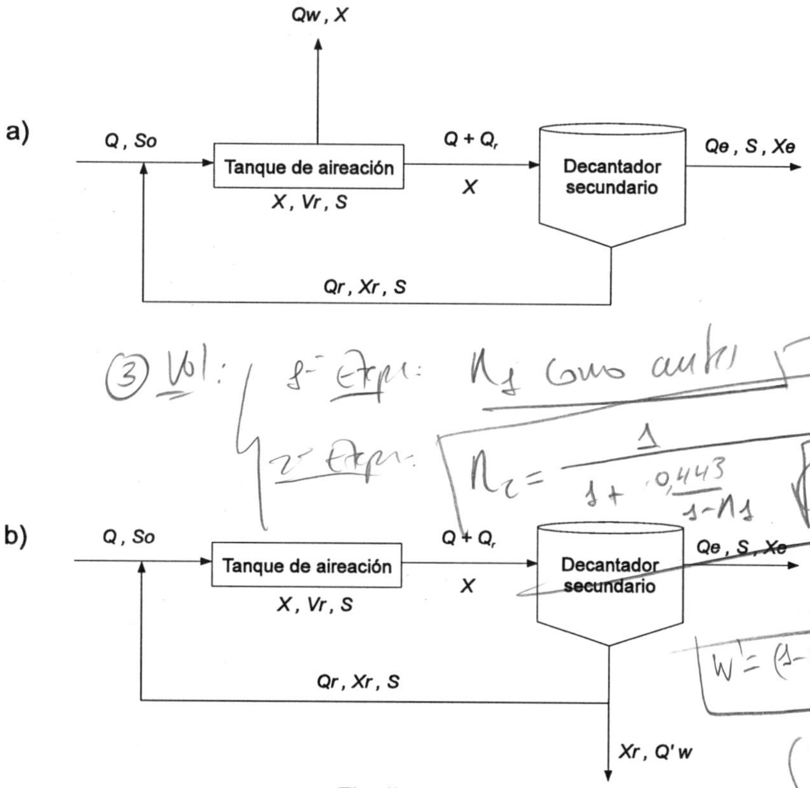

Fig. II.6.1.1

A la salida del reactor biológico (donde se inyecta aire) la mezcla de agua y fangos pasa a la decantación secundaria. El agua decantada constituye ya el efluente depurado. Los fangos sedimentados se extraen del decantador, una parte se recircula al reactor biológico como fango activo (caudal de recirculación) y el resto es retirado del sistema para su estabilización (fangos en exceso).

Todo este proceso tiene lugar por medio de la actividad de los microorganismos del agua residual que actúan sobre la materia orgánica carbonosa suspendida coloidal y disuelta convirtiéndola en gases y tejido celular. Dado que el tejido celular tiene un peso específico mayor que el del agua el tejido resultante puede eliminarse del agua residual por decantación.

6.1.1.2. Fundamentos de los procesos biológicos aerobios

La oxidación biológica consiste en la transformación de la materia orgánica presente en las aguas residuales en presencia de oxígeno y nutrientes de acuerdo con el esquema que se indica:

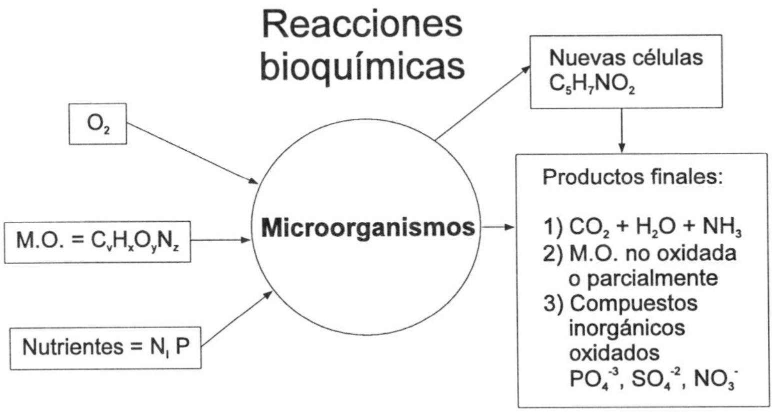

Fig. II.6.1.2. *Esquema reacciones bioquímicas de los procesos aerobios*

Hay tres tipos de reacciones, fundamentalmente.

a) Reacciones de síntesis (proceso asimilatorio)

Consisten en la incorporación de materia orgánica al protoplasma de los microorganismos, produciéndose nuevo tejido celular, es decir, un crecimiento de la masa de organismos.

$$COHNS + O_2 + Bacterias + Energía \Rightarrow C_5H_7NO_2 \text{ (nuevas células bacterianas)}$$

COHNS representa la materia orgánica presente en el agua residual. La fórmula $C_5H_7NO_2$ representa el tejido celular; es un valor que se usa con carácter generalizado obtenido de estudios experimentales.

El proceso por el que los microorganismos aumentan y consiguen energía es complicado. Parte de la materia orgánica en solución puede difundirse directamente a través de la membrana celular de los microorganismos y otra parte, de carácter más complejo, debe sufrir un tratamiento previo de hidrólisis, con la ayuda de enzimas extracelulares segregadas por las bacterias.

b) Reacciones de oxidación (proceso disimilatorio)

Una fracción de la materia orgánica se oxida dando lugar a productos finales.

Este proceso se lleva a cabo para obtener la energía necesaria para la síntesis de nuevo tejido celular.

$$COHNS + O_2 + Bacterias \Rightarrow CO_2 + NH_3 + otros\ productos\ finales + Energía$$

En ausencia de materia orgánica, el tejido celular será utilizado endógenamente produciendo productos gaseosos finales y energía para el mantenimiento de las células.

c) Respiración endógena (autooxidación)

$$C_5H_7NO_2 + 5O_2 \Rightarrow 5\ CO_2 + NH_3 + 2\ H_2O + Energía$$

En los sistemas de tratamiento biológico, estos tres procesos tienen lugar de forma simultánea.

Los principales factores que intervienen en todo proceso biológico aerobio son:

1) Características del sustrato
2) Microorganismos
3) Nutrientes
4) Oxigeno
5) Temperatura
6) pH
7) Salinidad
8) Inhibidores

El diseño del tratamiento biológico del agua residual se basa en la comprensión de los principios fundamentales que rigen el crecimiento de los microorganismos.

No es el objeto de este libro el realizar un desarrollo exhaustivo de la cinética bacteriana (para la cual nos remitimos al libro de texto del Prof. Aurelio Hernández Muñoz), pero sí parece adecuado recordar la ecuación fundamental que rige la tasa neta de crecimiento de los microorganismos.

Así, recordamos que tanto en los sistemas de cultura de alimentación continua como en los de alimentación discontinua, la tasa neta de crecimiento de los microorganismos puede expresarse mediante la ecuación:

$$r'_g = Y \cdot \frac{\mu_{max} \cdot S \cdot X}{K_S + S} - K_d \cdot X$$

donde:

r'_g = tasa de crecimiento neta $\left(\frac{\text{masa}}{\text{vol}\cdot\text{t}}\right)$

Y = coeficiente de producción de microorganismos $\left(\frac{\text{masa celulas formadas}}{\text{masa sustrato consumido}}\right)$

μ_{max} = valor máximo de la tasa de eliminación del sustrato (tiempo^{-1})

S = concentración del sustrato $\left(\frac{\text{masa}}{\text{vol}}\right)$

X = concentración de microorganismos $\left(\frac{\text{masa}}{\text{vol}}\right)$

K_S = constante de remoción media (es decir, concentración de sustrato que produce una tasa de eliminación mitad de la máxima)

K_d = coeficiente de descomposición endógena (tiempo^{-1})

Esta expresión puede representarse también como:

$$\frac{dX}{dt} = Y\cdot\frac{dS}{dt} - K_d\cdot X$$

6.1.1.3. Parámetros de diseño

A) Balance de masas

El planteamiento general de un balance de masas para microorganismos en un sistema de fangos activos puede escribirse de la siguiente manera:

Acumulación microorganismos = cantidad en entrada - cantidad en salida + +crecimiento neto

Expresándola con la nomenclatura empleada en la figura II.6.1.1.:

$$\frac{dX}{dt}\cdot V_r = Q\cdot X_0 - (Q_W\cdot X + Q_e\cdot X_e) + V_r\cdot(r'_g)$$

Suponiendo $X_0 = 0$ y condiciones estacionarias $\frac{dX}{dt} = 0$

$$Q_W\cdot X + Q_e\cdot X_e = V_r\cdot r'_g$$

Pero:
$$r'_g = -Y\cdot\frac{dS}{dt} - K\cdot dX$$

$$\frac{Q_W \cdot X + Q_e \cdot X_e}{V_r \cdot X} = -\frac{Y}{X} \cdot \frac{dS}{dt} - K_d$$

O sea;

$$\frac{1}{\vartheta_C} = -\frac{Y}{X} \cdot \frac{dS}{dt} - K_d$$

Siendo:

$$\frac{dS}{dt} = -\frac{(S_0 - S)}{V_r} \cdot Q$$

S_0 - S = cantidad de sustrato consumida (mg/l)
S_0 = concentración de sustrato en el efluente (mg/l)
S = concentración de sustrato en el efluente (mg/l)
t_R = tiempo retención hidráulica (d)
θ_C = edad del fango

B) Tiempo de retención hidráulica en reactor

Se define como el cociente entre el volumen del reactor y el caudal influente de diseño del tratamiento biológico:

$$t_R = \frac{V_r}{Q}$$

C) Edad del fango

Simplificadamente puede decirse que la Edad del Fango expresa la relación entre la masa de fangos presentes en el reactor biológico y la masa de los extraídos diariamente del sistema biológico.

En el sistema de la figura a)

$$\vartheta_C = \frac{V_r \cdot X}{Q_W \cdot X + Q_e \cdot X_e}$$

Siendo:

Q_W = caudal purga
Q_e = caudal efluente
X_e = concentración microorganismos en el efluente

Sistema de la figura b)

$$\vartheta_C = \frac{V_r \cdot X}{Q'_W \cdot X_r + Q_e \cdot X_e}$$

Para seleccionar una edad del fango de cara al dimensionamiento se hace en base a la experiencia de plantas en funcionamiento.

En la tabla siguiente se presentan los valores recomendados por Ronzano y Col. basados en los estudios realizados en Alemania por la A.T.V. en más de 160 estaciones depuradoras en funcionamiento. La edad del fango se seleccionará en virtud de las exigencias del vertido.

Tabla II.6.1.1.: *Relación entre la edad del fango θ_C y las concentraciones de DBO_5 y S.S. en el agua depurada*

Edad del fango θ_C	**Concentraciones en el agua depurada**					
	S.S. Variable			**S.S. Constante**		
	S.S.	**DBO_5**	**DBO_5 soluble**	**S.S.**	**DBO_5**	**DBO_5 soluble**
(d)	(mg/l)	(mg/l)	(mg/l)	(mg/l)	(mg/l)	(mg/l)
1	40	47	23	30	41	23
2	40	40	16	30	34	16
3	30	31	13	30	31	13
4	25	26	11	30	29	11
5	25	24	9	30	27	9
6	25	24	9	30	27	9
7	25	23	8	30	26	8
8	20	20	8	30	26	8
9	20	19	7	30	25	7
10	20	19	7	30	25	7
12	20	19	7	30	25	7
14	20	19	7	30	25	7
16	20	18	6	30	24	6
18	20	18	6	30	24	6
20	15	15	6	30	24	6
25	15	15	6	30	24	6
30	15	14	5	30	23	5

D) Concentración microorganismos en el reactor (MLSS)

Se expresa en g de lodos/m³ de tanque, es decir indica la cantidad de sólidos existentes en el reactor por unidad de volumen. Su significado corresponde a la cantidad de sólidos en suspensión del líquido mezcla (agua bruta + fango + aire).

MLSS = X

Las unidades en que se expresa son: mg o g/l , g o kg /m^3.

Como:

$$\frac{1}{\vartheta_C} = \frac{Y \cdot (S_0 - S)}{t_R \cdot X} - K_d$$

$$K_d + \frac{1}{\vartheta_C} = Y \cdot \frac{S_0 - S}{t_R \cdot X}$$

$$X = \frac{Y \cdot (S_0 - S)}{t_R \cdot \left(\frac{1}{\vartheta_C} + K_d \right)} = \frac{\vartheta_C}{t_R} \cdot \frac{Y \cdot (S_0 - S)}{(1 + K_d \cdot \vartheta_C)}$$

E) Concentración del sustrato en el efluente

Partiendo de la expresión general:

$$\frac{1}{\vartheta_C} + K_d = Y \cdot \frac{K \cdot S}{K_S + S}$$

$$1 + K_d \cdot \vartheta_C = \vartheta_C \cdot Y \cdot K \cdot \frac{S}{K_S + S}$$

$$K_S \cdot (1 + K_d \cdot \vartheta_C) + S \cdot (1 + K_d \cdot \vartheta_C) = \vartheta_C \cdot Y \cdot K \cdot S$$

$$\mathrm{S} = \frac{\mathrm{K_S} \cdot (1 + \mathrm{K_d} \cdot \vartheta_\mathrm{C})}{\vartheta_\mathrm{C} \cdot (\mathrm{Y} \cdot \mathrm{K} - \mathrm{K_d}) - 1}$$

F) Carga másica

Carga diaria de materia orgánica contaminante en el agua residual (expresada como Kg. de DBO_5) por unidad de masa de sólidos suspendidos totales en el reactor biológico.

$$C_m = \frac{kg \ \ de \ \ DBO_5/día}{kg \ \ de \ \ fango} = \frac{S_0 \cdot Q}{X \cdot V_r}$$

Siendo:
S_0 = concentración DBO_5 de entrada al reactor biológico (kg /m^3 ó g /m^3)
Q = caudal de diseño tratamiento biológico (m^3/día)
X = concentración sólidos totales suspendidos en el reactor o MLSS (kg/m^3 ó g/m^3)
V_r = Volumen del reactor (m^3)

Este parámetro representa la relación existente entre la cantidad de alimento y el contenido de microorganismos.

G) Tasa de utilización específica del sustrato

El término $-\frac{\frac{dS}{dt}}{X}$ se conoce como tasa de utilización específica de sustrato (U). Viene a ser lo mismo que la carga másica (Cm) pero referido al sustrato consumido, no al que entra.

$$U = \frac{S_0 - S}{t_R \cdot X} = \frac{Q}{V_r} \cdot \frac{S_0 - S}{X}$$

Por tanto, dado que:

$$\frac{1}{\vartheta_C} = -\frac{Y}{X} \cdot \frac{dS}{dt} - K_d$$

$$\frac{1}{\vartheta_C} = Y \cdot U - K_d$$

La relación entre U y la carga másica es:

$$U = C_m \cdot \eta$$

siendo η el rendimiento del proceso

H) Carga volúmica

Es la carga orgánica contaminante por día en el agua residual (expresada como kg de DBO_5 / día referida al volumen del reactor biológico).

$$C_v = \frac{kg\ \ de\ \ DBO_5/dia}{m^3\ \ de\ \ reactor} = \frac{S_0 \cdot Q}{V_r}$$

Teniendo S_0, Q y V_r el mismo significado que en el apartado anterior.

Como puede deducirse fácilmente la relación entre la carga volúmica y la carga másica es:

$$C_m = \frac{C_V}{X}$$

I) Indice de Mohlmann

Es el volumen en ml. ocupado por un gramo de fango activo, después de decantar durante media hora en una probeta de 1 litro.

Se expresa en ml/g o l/kg.

J) Recirculación de fangos

Los fangos sedimentados en el decantador secundario se recirculan en parte al reactor biológico, con objeto de mantener una determinada carga. Un esquema aparece en la Fig. II.6.1.1.

Se ha de cumplir el principio de la continuidad, es decir, el caudal que entra ha de ser igual al caudal que sale. Si se denomina:

Q_r = caudal de recirculación de lodos (m^3/d).
Q = caudal de diseño tratamiento biológico (m^3/d).
X = concentración de lodos en la balsa (kg/m^3 o g/m^3).
Xr = concentración de lodos en la recirculación (kg/m^3 o g/m^3)
Y = índice de Mohlmann (l/kg).

$$(Q + Q_r) \cdot X = Q_r \cdot X_r$$

$$Q \cdot X + Q_r \cdot X = Q_r \cdot X_r$$

$$Q \cdot X = Q_r \cdot (X_r - X)$$

$$\frac{Q_r}{Q} = \frac{X}{X_r - X}$$

$$\frac{Q_r}{Q} = \frac{X}{\frac{1.000}{I} - X} = \frac{X \cdot I}{1.000 - X \cdot I}$$

6.1.1.4. Esquemas funcionales

El proceso de fangos activos puede adoptar múltiples tipos y en consecuencia aparecen varios sistemas funcionales.

Proceso convencional

La recirculación se realiza en un sólo punto, a la entrada del agua en el tanque, y esta mezcla agua-fango va recorriendo el tanque desde la entrada a la salida en forma conocida como flujo en pistón, con una fuerte tasa de crecimiento inicial del cultivo que va descendiendo hacia el final del tanque.

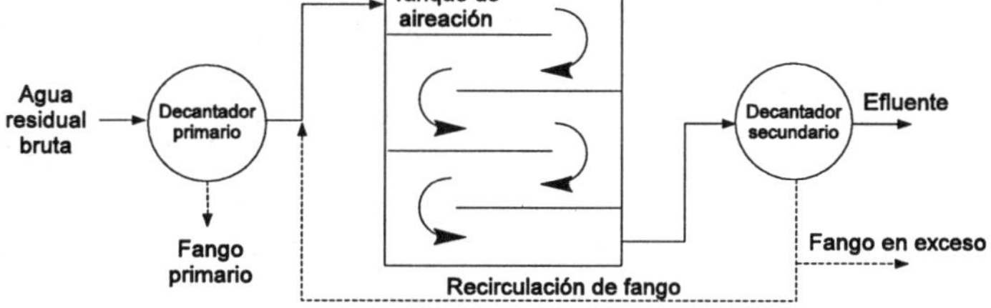

Fig. II.6.1.3. *Esquema proceso convencional*

Mezcla completa

La recirculación se realiza en varios puntos mezclándose con el agua previamente. De esta forma se tiene una concentración homogénea en todo el tanque.

El mismo efecto puede tenerse haciendo la entrada agua-fango en un solo punto, pero manteniendo un sistema de agitación y una disposición de la entrada y la salida, en forma tal, que se conserve la homogeneización de la mezcla en todo el tanque.

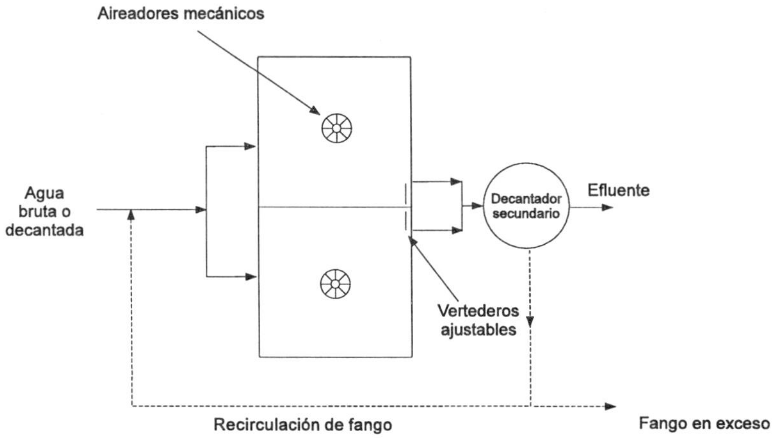

Fig. II.6.1.4. *Esquema proceso mezcla completa*

Alimentación escalonada

Representa otra forma de mejorar el aprovechamiento en la aireación del agua. En este proceso se regula la alimentación del agua, graduándola a lo largo del tanque con objeto de igualar la carga másica en todo el tanque. La aireación puede hacerse de forma uniforme o también graduada.

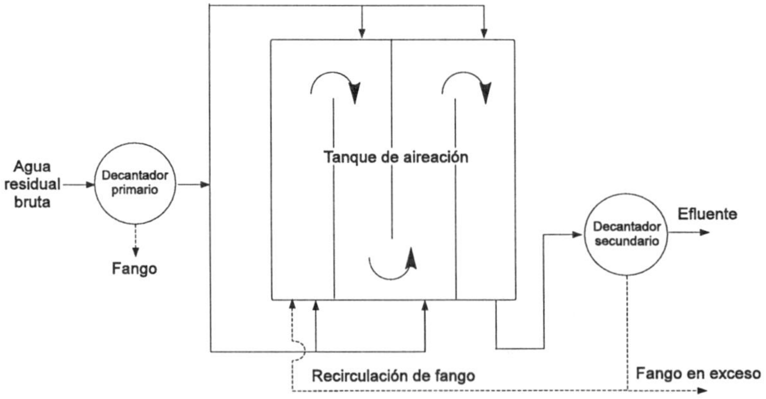

Fig. II.6.1.5. *Esquema proceso alimentación escalonada*

Contacto - Estabilización

El tanque de aireación queda dividido en dos partes: Una de ellas donde se realiza el contacto o mezcla del agua y el fango, constituye propiamente el tanque de floculación. El segundo tanque, llamado de estabilización, recibe el fango recién recogido del decantador secundario, en él se airea sin presencia de sustancias orgánicas de nuevo aporte y, por ello, se agotan las reservas de materia orgánica presente en el proceso. Cuando este fango llega a la cámara de contacto resulta muy ávido de la materia orgánica del agua residual, acelerándose en forma sensible el proceso.

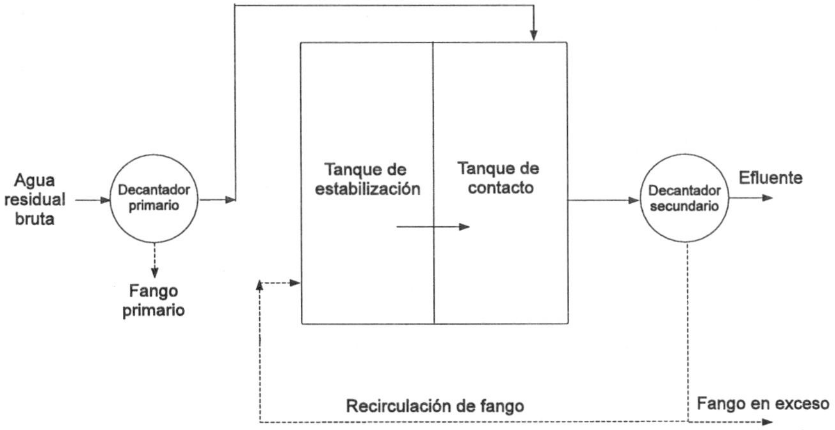

Fig. II.6.1.6. *Esquema proceso Contacto-Estabilización*

Aireación prolongada

Esta variante de fangos activados se realiza con tiempos de retención hidráulica y edad del fango muy elevados. De esta forma, el fango llega a estabilizarse aeróbicamente, debido a los prolongados períodos de aireación y el desequilibrio entre la cantidad de fango en el tanque y la cantidad de materia orgánica que llega, (se trabaja con valores muy bajos de la carga másica).

Disposiciones en canal de oxidación o carrusel

El canal de oxidación consiste en un depósito alargado, provisto de una pared medianera, que funciona en circuito cerrado. Algunas veces, la cuba adopta la forma de corona alrededor del decantador secundario.

Los rotores tipo "cepillos" realizan simultáneamente la oxigenación y la circulación del licor. A veces se añaden dispositivos mecánicos para ayudar a la recirculación.

Normalmente, el canal de oxidación se utiliza en pequeñas instalaciones y en aireación prolongada.

La figura II.6.1.7. muestra un esquema de una instalación de este tipo.

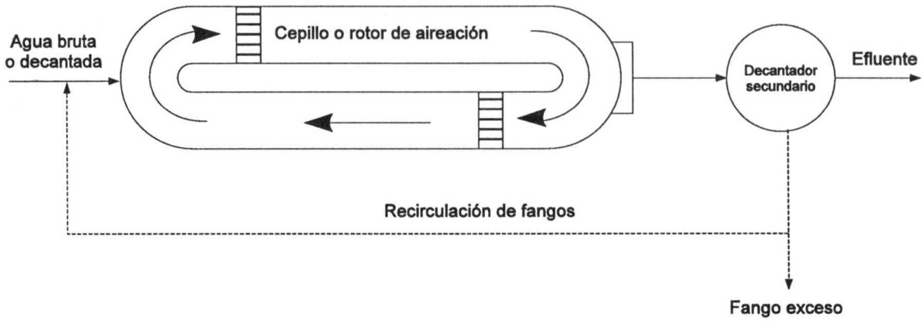

Fig. II.6.1.7. *Esquema proceso canal de oxidación*

El carrusel consiste en una modificación del canal de oxidación para medianas y grandes instalaciones. Como se necesitan cubas más profundas que en los canales, se utilizan aireadores de superficie para producir la oxigenación y la circulación, si bien suelen complementarse con bombas aceleradoras sumergibles tipo hélice.

El carrusel se emplea principalmente con media y baja carga. La figura II.6.1.8. muestra un esquema de una instalación de este tipo.

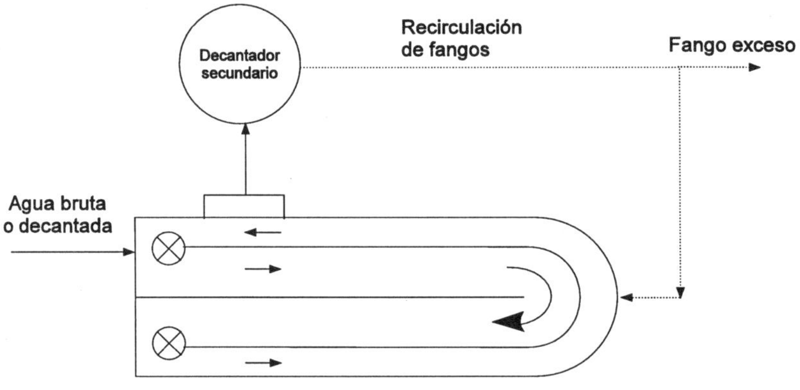

Fig. II.6.1.8. *Esquema proceso carrusel*

Aireación de alta carga

Es una modificación del proceso convencional en el que se combinan altas concentraciones de sólidos en el reactor con elevadas cargas volúmicas. Esta combinación permite trabajar con cargas másicas muy elevadas y elevada edad del fango, pero con tiempos de retención hidráulicos muy cortos. Es muy importante garantizar una buena mezcla.

Doble etapa

Consiste en la utilización de dos procesos convencionales de fangos activos en serie, el primero de ellos de muy alta carga y el segundo de baja carga. Resulta de interés este procedimiento en casos de alta carga de DBO_5 inicial, obteniéndose altos rendimientos y consumos energéticos más bajos.

Utilización de oxígeno puro

En esta variante, el aire se sustituye por oxígeno puro, introducido en tanques cerrados. El volumen del tanque puede reducirse en estos casos, y la cantidad de fango producidos es considerablemente menor.

Parámetros normales de diseño

Valores normales de diseño, para los procesos de fangos activos descritos pueden ser los siguientes:

Tabla II.6.1.2.: *Valores normales de diseño para los diferentes procesos de fangos activos*

Variantes del proceso		Edad del fango (d)	Tiempo de retención (h)	Carga másica (kg DBO_5/d/kg MLSSV)	Carga volúmica (kg DBO_5/d/m^3)	MLSS (mg/l)
Convencional		4-12	4-8	0,2-0,4	0,32-0,64	1.500-3.500
Mezcla completa		5-15	3-5	0,2-0,6	0,4-0,9	2.500-4.000
Aireación escalonada		5-15	4-8	0,2-0,4	0,64-0,96	2.000-3.500
Contacto-estabilización	U.C U.E	3-10	1-3 3-6	0,2-0,6	0,8-1,2	1.000-3.000 4.000-10.000
Alta Carga		5-10	2-4	0,4-1,5	1,3-3,0	4.000-10.000
Muy alta Carga		0,1-0,5	0,5-2	2-8	5-15	1.500-3.500
Aireación prolongada		20-30	16-30	0,05-0,15	0,16-0,35	3.000-6.000

6.1.1.5. Necesidad de oxígeno

La necesidad de oxígeno para un proceso de fangos activos convencional sin nitrificación, puede calcularse por la fórmula:

$$O.N.\ (kg/d) = A\ \ DBO + B\ \ MLSSV$$

Siendo:

DBO = kg DBO_5 eliminados al día

MLSSV = kg MLSSV en el reactor biológico

Los coeficientes A y B varían de un autor a otro según la siguiente tabla:

Tabla II.6.1.3.: *Coeficientes A y B para el cálculo de las necesidades de oxígeno*

Autor		**Coeficientes**	
		A	**B**
Eckenfelder y O'Connor		0,48	0,08
Logan y Budd		0,52	0,09
Quirk		0,53	0,15
Mastantuono	Carga másica		
	0,1	0,66	0,065
	0,2	0,59	0,065
	0,3	0,56	0,08
	0,4	0,53	0,08
	0,5	0,50	0,08
W.R.C		0,75	0,048

NOTA: Los coeficientes son válidos para Carga másica $0,1 < Cm < 0,6$

El primer término de la ecuación (A·DBO), es lo que se conoce como necesidades de oxígeno para la síntesis, siendo la síntesis el proceso por el cual la materia orgánica del agua (representada por la DBO) se asimila y transforma, en parte, en materia viva (ver apartado 6.1.1.)

El consumo de oxígeno en energía en este proceso es:

$$a' = 0,62 \text{ kg } O_2/\text{kg } DBO_5$$

Pero este valor supone que la totalidad de la contaminación, debida a partículas o coloides absorbidos sobre la membrana celular, sea más tarde solubilizada y metabolizada, no quedando materia orgánica almacenada en la membrana celular.

No obstante, este punto sólo se cumple con edades de fangos suficientemente altas, del orden de 12 días o más.

En periodos de alta carga, la membrana celular almacena materias orgánicas de partículas o coloides sin haberse metabolizado, es decir, sin consumo de oxígeno. Así, es posible, disminuir las necesidades diarias de oxígeno, del orden de un 20% como máximo. Esto sólo se logra con cargas muy altas, es decir, para edades del fango de un día o menos. Sin embargo, esta economía va disminuyendo al aumentar la edad del fango, y desaparece a los 12 días. Se puede admitir un decrecimiento lineal, con relación a la edad del fango (θ_C) y establecer la siguiente ecuación:

$$a' = 0,50 + 0,01 * \theta_C$$

$$\text{con } a' < 0,62$$

El segundo término de la ecuación (B·MLSSV), es lo que se denomina respiración endógena o endogénesis, que consiste en la oxidación de la masa activa degradable.

La eliminación de 1.000 g. de DBO_5 produce, por síntesis, 711 g. de masa activa; de esta masa, el 80% es degradable, y el 20% inerte.

La endogénesis de 1 g. de masa activa se traduce por:

- La oxidación completa de 0,8 g., produciendo en gran parte CO_2 y H_2O, con consumo equivalente de oxígeno
- La formación de 0,2 g. de residuos orgánicos no degradables. Estos residuos, aunque son todavía orgánicos, han perdido su actividad biológica.

La oxidación completa de 1 g. de masa activa necesita 1,48 g. de oxígeno (Marais)

Las necesidades de oxígeno para la endogénesis (en gramos) y para 1 g. de DBO_5 puede calcularse mediante al expresión:

$$\frac{0{,}13 \cdot \vartheta_C}{(1 + 0{,}16 \cdot \vartheta_C)}$$

Necesidades de oxígeno en punta

La punta de oxígeno sobre el consumo medio diario puede calcularse mediante la fórmula:

- Para la síntesis
  Coeficiente punta (%) = 0,45·P+55
  Siendo P la punta de carga orgánica en %
- Para la endogénesis
  No se considera el factor punta

6.1.1.6. Transferencia de oxígeno

Las necesidades de oxígeno calculadas en el apartado anterior corresponden al consumo real de oxígeno realizado por la masa bacteriana. Estas necesidades se calculan en condiciones normalizadas y es por tanto necesario convertirlas a las condiciones reales de funcionamiento (ver tabla II.6.1.4.)

Tabla II.6.1.4.: *Condiciones normalizadas vs. reales*

Condiciones	Normalizadas	Reales
Medio	Agua limpia	Licor
Temperatura	10 °C	T °C
Presión	Normal 760 mm	P
Concentración oxígeno	Nula	Cx

El paso de las condiciones normalizadas a condiciones reales, se hace mediante la aplicación de un factor de corrección denominado coeficiente de transferencia, es decir;

$$Oxígeno\,real = \frac{Oxígeno\,teórico}{K_t}$$

Siendo K_t el coeficiente global de transferencia.

Este coeficiente K_t, se calcula a su vez como el producto de otros tres coeficientes:

$$K_t = K_{t1} \cdot K_{t2} \cdot K_{t3}$$

Coeficiente K_{t1}

La aportación de oxígeno es proporcional al déficit de saturación

$$K_{t1} = \frac{C'_S - C_X}{C_S}$$

- En condiciones normalizadas: 11,33 – 0 = 11,33 mg/l
- En condiciones reales: $C_S' - C_x$
- C_S' es la concentración de saturación en el tanque de aireación a la temperatura T.
- C_x es la concentración media en oxígeno en el tanque de aireación. Generalmente se puede adoptar:
  Sin nitrificación: $C_x = 2$ mg/l
  Con nitrificación: $C_x = 3$ mg/l
- C_S es la saturación en agua clara, a temperatura T y a presión atmosférica normal. C_S figura en la tabla siguiente:

Tabla II.6.1.5.: *Valores de C_S en función de la temperatura T*

T (°C)	C_S (mg/l)	T (°C)	C_S(mg/l)
1	14,23	16	9,95
2	13,84	17	9,74
3	13,48	18	9,54
4	13,13	19	9,35
5	12,80	20	9,17
6	12,48	21	8,99
7	12,17	22	8,83
8	11,87	23	8,68
9	11,59	24	8,53
10	11,33	25	8,38
11	11,08	26	8,22
12	10,83	27	9,07
13	10,60	28	7,92
14	10,37	29	7,77
15	10,15	30	7,63

Para pasar del C_S conocido, por la tabla, a C_S' hay que efectuar tres correcciones:

a) β: Tiene en cuenta las materias en suspensión del licor y su salinidad.

En condiciones normales y hasta salinidades de 3 gr/l se puede adoptar:

$$\beta = 0{,}98$$

b) C_P: Tiene en cuenta las variaciones de presión debidas a la altitud. Se puede calcular mediante la fórmula:

$$C_P = 1 - 0{,}111 \cdot \text{ALTITUD (m)}/1.000$$

c) C_A: Corrección que tiene en cuenta la altura del agua en el tanque de aireación. Para determinar la concentración de saturación media:

- Con sistemas de aireación superficiales, la concentración de saturación media es la misma que en la superficie. No hay corrección, C_A en este caso es igual a 1,0.

- Con sistemas de difusión de aire, la concentración es la media entre:

– La del fondo; que con la corrección de presión es:

$$C_{SF} = C_S \cdot (10{,}33 + P)/10{,}33$$

Siendo P la profundidad de inmersión del difusor

– La de superficie: que tiene en cuenta la disminución de la presión parcial del oxígeno por disolución de la fracción E (E es el rendimiento de transferencia de oxígeno).

$$C_{SS} = C_S \cdot \frac{1-E}{0{,}791 + 0{,}209 \cdot (1-E)}$$

0,791 y 0,209 son las proporciones de nitrógeno y de oxígeno en el aire.
De las dos ecuaciones calculamos el valor medio:

$$C_{SM} = \frac{C_{SF} + C_{SS}}{2}$$

Y haciendo la simplificación de estimar el rendimiento en un 5% por metro de inmersión (entre 3 y 6 metros), es decir $E = 0{,}05 \cdot p$. Podemos obtener una ecuación mucho más sencilla según la expresión:

$$C_A = \frac{C_{SM}}{C_S} = \frac{10{,}33 + 0{,}28 \cdot p}{10{,}33}$$

Con las tres correcciones β, C_P y C_A, se puede determinar C_S':

$$C_S' = C_S \cdot \beta \cdot C_P \cdot C_A$$

La corrección K_{t1} proporcional al déficit de saturación es:

$$K_{t1} = \frac{C_S' - C_X}{C_S}$$

Coeficiente K_{t2}

La velocidad de disolución de oxígeno varía con la temperatura según:

$$K_{t2} = 1{,}024^{T-10}$$

Coeficiente K_{t3}

La velocidad de disolución de oxígeno en el agua residual depende de:

- La concentración de sólidos en suspensión en el licor mezcla
- La calidad del agua intersticial
- La concentración en tensoactivos
- El sistema de oxigenación

La influencia de estos factores se traduce por un único factor K_{t3} que representa:

$$K_{t3} = \frac{capacidad\ de\ transferencia\ del\ oxígeno\ en\ el\ licor\ del\ reactor}{capacidad\ del\ oxígeno\ en\ agua\ limpia}$$

Para el diseño se pueden adoptar los valores de la siguiente tabla:

Tabla II.6.1.6.: *Valores del coeficiente K_{t3}*

Sistema aireación	**K_{t3}**
Aire con burbujas finas • Carga media sin nitrificación • Carga baja con nitrificación	 0,55 0,65
Aire con difusores estáticos	0,80
Turbinas de aireación	0,90
Aire con burbujas gruesas	0,90

El coeficiente global K_t vendrá dado pues por:

$$K_t = K_{t1} \cdot K_{t2} \cdot K_{t3}$$

NOTA: Influencia de la temperatura

La influencia de la temperatura sobre C_S es muy próxima a la inversa del factor corrector C_T y las dos se compensan prácticamente, por lo que en la práctica el coeficiente K_{t2} puede despreciarse.

6.1.1.7. Técnicas de aireación

Las técnicas de aireación pueden dividirse en tres grupos:

a) Con aire comprimido bajo formas diversas.
- Grandes burbujas: mediante tubos sumergidos, cañas o spargers
- Burbujas medias: mediante tubos perforados
- Burbujas finas: mediante difusores porosos finos y placas porosas.

b) Con medios mecánicos.
- De eje horizontal: como los cepillos rotativos.
- De eje vertical: como las turbinas (de superficie o de fondo), agitadores rotativos.

NOTA: existen medios mixtos entre los anteriores que suministran aire comprimido repartido mecánicamente con sistemas análogos a los descritos en b)

c) Con bombas
- Chorros
- Bombas en depresión
- Eyectores de aire atmosférico

Cálculo de la potencia a instalar

a) En sistemas de difusión

La potencia a instalar puede calcularse a partir de la expresión siguiente:

$$P(CV) = \frac{0{,}227 \cdot Q_{aire}}{1{,}04} \cdot \left[\left(\frac{P_2}{P_1} \right)^{0{,}283} - 1 \right] \cdot C$$

Siendo:
P_1 = 10,33 m.c.a
$P_2 = P_1$ + profundidad cuba + pérdidas difusores + pérdidas tuberías
C = coeficiente de seguridad (normalmente 10%)
Q_{aire} = caudal de aire necesario. Se calcula por la expresión:

$$Q_{aire} = \frac{\text{oxígeno real en condiciones punta}}{K_{ox} \cdot EFI}$$

Donde:
K_{ox} = son los kg O_2/m^3 reactor en condiciones normales (se adopta 0,3)
EFI = Eficiencia del difusor

b) En sistemas de medios mecánicos
La potencia a instalar puede calcularse a partir de la expresión

$$P(CV) = \frac{Oxígeno\ real\ en\ condiciones\ punta \left(\frac{kg}{h} \right)}{Coeficiente\ de\ transferencia \left(\frac{kg.O_2}{kw \cdot h} \right)}$$

6.1.1.8. Producción de fangos y fangos en exceso

Producción de fangos

Los fangos activados se componen de:

- La masa activa residual más los residuos:
- La materia volátil no degradable preexistente en el agua bruta
- La materia mineral preexistente

Con carácter general puede aceptarse que los sólidos en suspensión presentes en un agua residual presentan la siguiente composición:

- 50% de volátiles degradables metabolizados en el proceso biológico
- 30% de minerales
- 20% de volátiles inertes

Con estas premisas, Ronzano y col. proponen las siguientes ecuaciones para calcular la producción de fangos que resulta de la eliminación de 1 g. de DBO_5 :

$$Px_{(SSV)} = \frac{0{,}57}{1 + 0{,}16 \cdot \vartheta_c} + 0{,}14 + 0{,}20 \cdot \frac{0{,}6 \cdot S.S}{DBO_5}$$

$$Px_{(SST)} = \frac{0{,}57}{1 + 0{,}16 \cdot \vartheta_c} + 0{,}14 + 0{,}50 \cdot \frac{06 \cdot S.S.}{DBO_5}$$

Por otra parte y siguiendo con los razonamientos efectuados en el apartado 6.1.1. para determinar la cantidad de fango producido podemos emplear la expresión:

$$Px_{(SSV)} = \frac{Y \cdot Q \cdot (S_0 - S)}{1 + K_d \cdot \vartheta_C}$$

Los sólidos totales producidos se calculan entonces dividiendo la expresión anterior por la relación entre materia volátil y materia total, (por defecto, suele adoptarse el valor 0,8)

$$Px_{(SST)} = \frac{Px_{(SSV)}}{\left(\frac{Kg.SSV}{Kg.SST}\right)}$$

Fangos en exceso

De los fangos producidos, una pequeña parte sale con el agua decantada, y el resto es retenido en los depósitos para un tratamiento posterior. Estos fangos se denominan fangos en exceso.

Para obtener la masa de fangos en exceso que hay que extraer diariamente de la masa producida, hay que descontar la masa arrastrada con el agua tratada.

6.1.1.9. Decantación secundaria

Las recomendaciones sobre parámetros en decantación, después de un proceso biológico vienen dadas en la tabla siguiente:

Tabla II.6.1.7.: *Parámetros en la decantación secundaria de fangos activos*

Proceso	**Carga s/ vertedero (m^3 / h· ml)**		**Carga de sólidos (Kg/m^2·d)**		**Tiempo de retención (h)**		**Velocidad ascensional (m^3/m^2·h)**	
	Q_{med}	Q_{max}	Q_{med}	Q_{max}	Q_{med}	Q_{max}	Q_{med}	Q_{max}
Convencional	≤ 5,7	≤ 10,5	≤ 2,5	≤ 6,0	≥ 3	≥ 2	≤ 0,8	≤ 1,5
Alta carga	≤ 6,5	≤ 11,5	≤ 5,6	≤ 9,5	≥ 2,5	≥ 1,5	≤ 1,18	≤ 2
Aireación escalonada	≤ 6,5	≤ 11,5	≤ 2,8	≤ 6,2	≥ 2,0	≥ 1,5	≤ 1,35	≤ 2
Contacto estabilización	≤ 6,5	≤ 11,5	≤ 2,2	≤ 5,5	≥ 3,2	≥ 1,6	≤ 1,02	≤ 2
Aireación prolongada	≤ 4,0	≤ 9	≤ 4,2	≤ 7,0	≥ 3,6	≥ 1,7	≤ 0,7	≤ 1,5

En cuanto a la altura recta sobre vertedero (profundidad del agua medida en los muros perimetrales en los decantadores circulares, y en el muro de salida del efluente en los decantadores rectangulares), la E.P.A. recomienda los siguientes valores:

$$3{,}0 \leq h \leq 5{,}0 \text{ m}$$

6.1.2. Caso práctico de dimensionamiento

6.1.2.1. Rendimientos del tratamiento biológico

El primer punto a definir será el rendimiento que debemos tener en el tratamiento biológico. Generalmente éste se calcula a partir de la diferencia entre la DBO_5 que entra al reactor y lo que sale de la planta, tomando como valor de la DBO_5 la total del agua depurada, es decir: DBO disuelta + DBO de la M.S. Es decir en nuestro caso:

Concentración entra al reactor:

DBO_5 inicial · (1 - Rendimiento Dec. 1º) = 237 · (1 - 0,35) = 154 mg/l

Como las exigencias de salida de planta son < 20 mg/l el rendimiento sería:

$$\eta = \frac{154-20}{154} = 87\%$$

Haciendo un estudio más detallado del sistema, llegamos a la conclusión de que el rendimiento así calculado, no es exacto, porque:

- La mayor parte de las materias que escapan del decantador secundario, incluidas en esos 20 mg/l, son en realidad flóculos de fangos activados cuya síntesis ha consumido oxígeno y por tanto, es necesario tenerlo en cuenta a la hora de calcular las necesidades de oxígeno.

- Para las fórmulas que luego se emplearán para el cálculo de los fangos en exceso, estaríamos deduciendo a la vez la DBO de los sólidos en suspensión del agua tratada y los propios S.S.

Por tanto, para hacer un cálculo exacto lo primero que debemos definir es cuál es la DBO_5 disuelta del efluente, utilizando este valor para los cálculos sin preocuparnos de los sólidos en suspensión.

Generalmente, la fracción soluble de la DBO_5 del agua depurada representa del 30 al 50% del total.

Una forma de calcular este valor sería haciendo el siguiente razonamiento propuesto por Metcalf & Eddy:

De los 20 mg/l de DBO_5 contenidos en el efluente, en nuestro caso el 80% son volátiles (según datos de partida de diseño) y estimamos que el 65% biodegradables.

Si suponemos además que la DBO_5 de los sólidos biológicos biodegradables se puede obtener multiplicando la DBO última por el factor 0,68 [es decir, suponemos que el valor de K en la ecuación de la DBO es $k = 0{,}1 \cdot d^{-1}$ (base 10)] tendríamos:

DBO_5 del efluente = DBO_5 soluble del afluente que escapa al tratamiento +
+ DBO_5 de los S.S. del afluente

$$20 = S + 20 \cdot (0{,}65) \cdot (1{,}45) \cdot (0{,}68)$$

$$S = 7{,}4 \text{ mg/l de } DBO_5 \text{ soluble}$$

Por tanto, el rendimiento o la eficacia del tratamiento biológico será:

$$\eta = \frac{154 - 7{,}4}{154} = 95\%$$

Rendimiento muy superior al calculado por la forma convencional.

En general, podemos concluir que los rendimientos así calculados son en general muy altos, y frente a la incertidumbre sobre el valor de la fracción soluble, varios autores proponen no tener en cuenta el rendimiento y directamente adoptar:

DBO eliminada = DBO aplicada

6.1.2.2. CASO 1: Fangos activos

DATOS DE DISEÑO:

Los datos de dimensionamiento del tratamiento secundario son:

Caudales	**Situación actual**	**Datos de diseño**
Caudal medio (m^3/h)	158,5	256
Caudal punta (m^3/h) (Q_{med} x 1,75)	277	448
Caudal máximo (m^3/h) (Q_{med} x 1,8)	285,3	460,8

Cargas	**Situación actual**	**Datos de diseño**
Kg DBO_5/d	527,5	946,08
Kg. S.S.V /d	490	878
Kg. S.S.T /d	612	1.098
Kg. DQO/d	1.077	1.824
Kg. N-NTK/d	186	334

Establecemos las siguientes condiciones de funcionamiento propios de un proceso de fangos activos de media carga:

- Coeficientes cinéticos:
  - Coeficiente de crecimiento Y=0,65
  - Coeficiente de mortandad k_d=0,06

- Sólidos en suspensión en el licor mezcla
  - MLSS = 2.900 mg/l

- Sólidos en suspensión volátiles en el licor mezcla
  - MLSSV = 0,8 · 2.900 = 2.320 mg/l

- Edad del fango (obtenida de la II.6.1.1., para unas concentraciones exigidas en el efluente de 20 mg/l S.S y 20 mg/l de DBO_5)

$$\theta_C = 8 \, días$$

- Régimen hidráulico del reactor:
  - Mezcla completa

CALCULOS:

1. Cálculo del volumen del reactor

El número de microorganismos en el reactor viene dado por la expresión:

$$X = \frac{\theta_C}{t_R} \cdot \frac{Y \cdot (S_0 - S)}{(1 + k_d \cdot \theta_C)}$$

Sustituyendo el tiempo de retención hidráulico t_R por V_R/Q, obtenemos.

$$V_r = \frac{Q \cdot \theta_C \cdot Y \cdot}{X \cdot} \frac{(S_0 - S)}{(1 + k_d \cdot \theta_C)}$$

$$V_r = \frac{256 \cdot 24 \cdot 8 \cdot 0{,}65 \cdot (154 - 7{,}4)}{2.900 \cdot (1 + 0{,}06 \cdot 8)} = 1.091{,}2 \, m^3$$

2. Comprobación del tiempo de retención hidráulica en el reactor:

$$t_R = \frac{V_r}{Q} = \frac{1.091{,}2}{256 \cdot 24} = 0{,}18 \, d = 4{,}26 \, h$$

3. Comprobación de la carga másica

$$C_m = \frac{S_O \cdot Q}{X \cdot V_r} = \frac{154 \cdot 256 \cdot 24}{1.000 \cdot 2{,}9 \cdot 1.091{,}2} = 0{,}29 \frac{kgDBO_5}{MLSS}$$

4. Comprobación de la carga volúmica

$$C_V = \frac{S_O \cdot Q}{V_r} = \frac{154 \cdot 256 \cdot 24}{1.000 \cdot 1.091{,}2} = 0{,}87 \, \frac{kgDBO_5}{m^3}$$

5. Cálculo de la necesidad teórica de oxígeno

Calculamos primero las necesidades teóricas de oxígeno mediante la fórmula general

O.N (kg/d) = A kg DBO_5 elim/día + B kg MLSSV

Como coeficientes A y B adoptaremos los Mastantuono:

A = 0,56
B = 0,08

Por lo tanto tendremos:

- Necesidad de oxígeno para la síntesis:

$$O.N._S = 0,56 \cdot 946,08 = 529,8 \text{ kg } O_2/d$$

- Necesidad de oxígeno para la endogénesis:

$$O.N._E = 0,08 \cdot 2,32 \cdot 1.091,2 = 202,53 \text{ kg } O_2/d$$

- Luego la necesidad total teórica de oxígeno será:

$$O.N. \text{ (kg/d)} = 529,8 + 202,53 = 732,33 \text{ kg/d}$$

Otra forma más exacta de hacer el cálculo sería a partir de las fórmulas que consideran la edad del fango:

- Necesidad de oxígeno para la síntesis:

$$a' = 0,50 + 0,01 \cdot \theta_C = 0,5 + 0,01 \cdot 8 = 0,58$$
$$O.N._S = 0,58 \cdot 946,08 = 548,73 \text{ kg } O_2/d$$

- Necesidad de oxígeno para la endogénesis:

$$b' = \frac{0,13 \cdot \vartheta_C}{(1 + 0,16 \cdot \vartheta_C)} = \frac{0,13 \cdot 8}{(1 + 0,16 \cdot 8)} = 0,456$$

$$O.N._E = 0,456 \cdot 946,08 = 431,54 \text{ kg } O_2/d$$

- Luego la necesidad total teórica de oxígeno en este segundo caso será:

$$O.N. = 548,73 + 431,54 = 980,27 \text{ kg/d}$$

Adoptaremos este segundo criterio al ser más desfavorable.

6. Cálculo de las necesidades de oxígeno en situación punta

La punta de oxígeno sobre el consumo medio diario de la síntesis puede calcularse mediante la fórmula:

$$0,45 \cdot P + 55$$

Siendo P la punta de carga orgánica en %.
En nuestro caso: P = 200%, luego:

$$0{,}45 \cdot 200 + 55 = 145\text{; adoptamos el } 150\%.$$

Es decir: $a' = 1{,}5 \cdot 0{,}58 = 0{,}87$

$$O.N._S \text{ (punta)} = 0{,}87 \cdot 946{,}08 = 823{,}1 \text{ kg } O_2/d$$

La necesidad para la endogénesis sigue siendo la misma, luego la necesidad total teórica en condiciones punta será:

$$O.N. \text{ (punta)} = 823{,}1 + 431{,}54 = 1.254{,}6 \text{ kg /d}$$

7. Cálculo de las necesidades reales de oxígeno

Según se ha indicado en el apartado 6.1.1.6., el oxígeno a aportar en las condiciones reales vendrá dado por:

$$Oxígeno\ real = \frac{Oxígeno\ necesario\ teórico}{k_t}$$

Siendo k_t el coeficiente global de transferencia que se calcula a su vez como el producto de otros tres coeficientes:

$$K_t = K_{t1} \cdot K_{t2} \cdot K_{t3}$$

Coeficiente K_{t1}: Que tiene en cuenta el déficit de saturación de oxígeno del licor mezcla

- Temperatura del agua en el tanque de aireación: 15 °C
- Concentración media de oxígeno en el tanque de aireación: $C_x = 2$ mg/l
- Concentración de saturación en agua clara, a 15 °C y presión atmosférica normal $C_S = 10{,}15$ mg/l

Para calcular la concentración de saturación a la temperatura de 15 ºC (Cs'), lo haremos a partir del valor obtenido de Cs de las tablas aplicándole los siguientes factores de corrección:

a) Parámetro β que tiene en cuenta los sólidos en suspensión del licor y su salinidad

Para salinidad <3 g/l, adoptamos $\beta = 0.98$

b) Parámetro C_P que tiene en cuenta las variaciones de presión debidas a la altitud

$$C_P = 1 - 0{,}111 \cdot 600/1.000 = 0{,}933$$

NOTA: Se ha supuesto una altitud de 600 m s/nivel del mar.

c) Parámetro C_A que tiene en cuenta la altura de agua en el tanque de aireación.

Suponemos que la aireación se va a llevar a cabo mediante sistemas de difusión de aire, colocados a una profundidad P = 4m.

$$C_{SF} = C_S \cdot \frac{10{,}33 + P}{10{,}33} = 10{,}15 \cdot \frac{10{,}33 + 4}{10{,}33} = 14{,}08$$

$$C_{SS} = C_S \frac{1 - 0{,}05 \cdot P}{0{,}791 + 0{,}209 \cdot (1 - 0{,}05 \cdot P)} = 10{,}15 \cdot \frac{1 - 0{,}05 \cdot 4}{0{,}791 + 0{,}209 \cdot (1 - 0{,}05 \cdot 4)} = 8{,}47$$

$$C_{SM} = \frac{C_{SF} + C_{SS}}{2} = 11{,}28$$

$$C_A = \frac{C_{SM}}{C_S} = \frac{11{,}28}{10{,}15} = 1{,}111$$

O bien calculándolo directamente por la fórmula simplificada:

$$C_A = \frac{10{,}33 + 0{,}28 \cdot P}{10{,}33} = \frac{10{,}33 + 0{,}28 \cdot 4}{10{,}33} = \frac{11{,}28}{10{,}15} = 1{,}108$$

Aplicando los factores de corrección:

$$C'_S = C_S \cdot \beta \cdot C_P \cdot C_A$$

$$C'_S = 10{,}15 \cdot 0{,}98 \cdot 0{,}933 \cdot 1{,}111 = 10{,}31$$

Luego el coeficiente K_{t1} será:

$$K_{t1} = \frac{C_S' - C_X}{C_S} = \frac{10{,}31 - 2}{10{,}15} = 0{,}818$$

Coeficiente K_{t2}: Que tiene en cuenta la influencia de la temperatura en la velocidad de difusión del oxígeno:

$$K_{t2} = 1{,}024^{(T-10)}$$

Como se ha adoptado una temperatura del agua en el tanque de aireación de 15 °C:

$$K_{t2} = 1{,}024^{(15-10)} = 1{,}126$$

Coeficiente K_{t3}: Que tiene en cuenta la influencia de la temperatura en la velocidad de disolución del oxígeno según las características del licor.

En nuestro caso suponemos que la difusión de aire se realiza con burbujas finas. Entrando en la tabla II.6.1.6. obtenemos el valor de K_{t3}.

$$K_{t3} = 0{,}55$$

Por lo tanto, el coeficiente global de transferencia K_t valdrá:

$$K_t = K_{t1} \cdot K_{t2} \cdot K_{t3} = 0{,}818 \cdot 1{,}126 \cdot 0{,}55 = 0{,}506$$

y por lo tanto, el oxígeno a aportar en condiciones reales será:

$$Oxígeno\ real = \frac{O.N.\ teórico}{k_t} = \frac{980{,}27}{0{,}506} = 1.935{,}04\ kgO_2 / d$$

$$Oxígeno\ real\ en\ condiciones\ punta = \frac{O.N.teórico\ en\ punta}{k_t} = \frac{1.254{,}6}{0{,}506} = 2.479{,}4\ \frac{kg.O_2}{d}$$

8. Caudal de aire y potencia a instalar

El caudal de aire necesario se puede calcular mediante la expresión:

$$Q_{aire}\left(\frac{m^3}{h}\right) = \frac{Oxígeno\ real\ en\ condiciones\ punta\left(\frac{kg}{h}\right)}{k_{ox.} \cdot EFI}$$

Kox: son los Kg. O_2/m^3 aire en condiciones normales, su valor es 0,3
EFI: Eficiencia del difusor = 0,25

$$Q_{aire} = \frac{2.479{,}4}{24 \cdot 0{,}3 \cdot 0{,}25} = 1.377{,}4\ \frac{m^3}{h}$$

La potencia necesaria del compresor será:

$$P(CV) = \frac{0{,}227 \cdot Q_{aire}}{1{,}04} \cdot \left[\left(\frac{P_2}{P_1}\right)^{0,283} - 1\right] \cdot C$$

P_1 = 10,33 m.c.a.
P_2 = P_1 + Prof. Cuba + Pérdidas difusor + Pérdidas tuberías =
=10,33 + 4 + 0,3 + 2 = 16,63 m.c.a.
C = Coeficiente de seguridad = 10%

$$P(CV) = \frac{0{,}227 \cdot 1.377{,}4}{1{,}04} \cdot \left[\left(\frac{16{,}63}{10{,}33}\right)^{0,283} - 1\right] \cdot 1{,}1 = 47{,}70\ C.V.$$

9. Recirculación

$$\frac{Q_r}{Q} = \frac{X \cdot I}{1.000 - I \cdot X}$$

Adoptamos un valor del Indice de Mohlmann I = 200

$$\frac{2{,}9 \cdot 200}{1.000 - 200 \cdot 2{,}9} = 1{,}38$$

$Q_r = 1{,}38 \cdot Q = 1{,}38 \cdot 256 = 353{,}5\ m^3/h$

La concentración de la recirculación:

$$X_r = \frac{Q_r + Q}{Q_r} \cdot X = \frac{1{,}38 \cdot Q + Q}{1{,}38 \cdot Q} \cdot 2{,}9 = 5{,}0 \frac{kg}{m^3}$$

10. Cálculo de los fangos en exceso

Método 1:

Según las fórmulas del apartado teórico 6.1.1.8. la cantidad de fango producido por la eliminación de 1 gr. de DBO_5 es:

Volátiles: $\dfrac{0{,}57}{1 + 0{,}16 \cdot \vartheta_C} + 0{,}14 + 0{,}2 \quad \dfrac{0{,}6 \cdot S.S.}{DBO_5}$

Totales: $\dfrac{0{,}57}{1 + 0{,}16 \cdot \vartheta_C} + 0{,}14 + 0{,}5 \quad \dfrac{0{,}6 \cdot S.S.}{DBO_5}$

Como en nuestro caso la relación $\dfrac{0{,}6 \cdot S.S}{DBO_5}$ vale:

$$\frac{0{,}6 \cdot S.S}{DBO_5} = 0{,}696$$

Por tanto, la cantidad de fango en exceso será:

$$P_{X(SSV)} = \left[\frac{0{,}57}{1 + 0{,}16 \cdot 8} + 0{,}14 + 0{,}2 \cdot 0{,}696 \right] \cdot kg.\ DBO_5\ elim/d =$$

$$= 0{,}529 \cdot (0{,}95 \cdot 946{,}08) = 475{,}63\, kg.\ SSV/d$$

$$P_{X(SST)} = \left[\frac{0{,}57}{1+0{,}16\cdot 8} + 0{,}14 + 0{,}5\cdot 0{,}696\right]\cdot kg.\ DBO_5\ elim/d =$$

$$= 0{,}738\cdot(0{,}95\cdot 946{,}08) = 663{,}3\ kg.\ SST/d$$

Método 2:

Otra forma de calcularlo sería a partir de la ecuación de producción de biomasa según:

$$P_{X(SSV)} = \frac{Y\cdot(S_0 - S)\cdot Q}{(1+K_d\cdot\vartheta_C)} = \frac{0{,}65\cdot(154-7{,}4)\cdot 256\cdot 24}{(1+0{,}06\cdot 8)\cdot 1.000} = 395{,}56\ kg\ \ SSV/d$$

La masa total de fangos a purgar, teniendo en cuenta que en nuestro caso un 80% de los sólidos son volátiles será:

$$P_{X(SST)} = \frac{395{,}56}{0{,}8} = 494{,}45\ kg.\ SST/d$$

La cantidad de fango a purgar se calculará como:

Masa a purgar = Incremento de biomasa (MLSS) – S.S. perdidos en el efluente
= 494,45 kg/d – 0,02 · 256 · 24 = 371 kg/d.

Tomaremos para el diseño de la línea de fangos los resultados del primer método al ser más desfavorable.

11. Decantación secundaria

Adoptamos los valores de diseño de la tabla II.6.1.7.

A) Cálculo de la superficie

A Caudal máximo: $$A_{(Qmax)} = \frac{Qmax}{V_{asc(Qmax)}} = \frac{460{,}8}{1{,}5} = 307{,}2\ m^2$$

A Caudal medio: $$A_{(Qmed)} = \frac{Qmed}{V_{asc(Qmed)}} = \frac{256}{0{,}8} = 320\ m^2$$

Es decir, la superficie debe ser $\geq$ 320 m^2

Adoptamos 2 unidades circulares de diámetro 15 m.

$$A_{real} = 2\cdot\pi\cdot\frac{\phi^2}{4} = 2\cdot\pi\cdot\frac{15^2}{4} = 353{,}4\ m^2$$

B) Comprobación de la carga de sólidos

A Caudal máximo: $$C_{sol.(Qmax)} = \frac{X \cdot Qmax}{Sup.\,real} = \frac{2{,}9 \cdot 460{,}8}{353{,}4} = 3{,}78\,\frac{kg}{m^2 \cdot h} \leq 6$$

A Caudal medio: $$C_{sol.(Qmed)} = \frac{X \cdot Qmed}{Sup.\,real} = \frac{2{,}9 \cdot 256}{353{,}4} = 2{,}1\,\frac{kg}{m^2 \cdot h} \leq 2{,}4$$

Luego la superficie adoptada es válida.

C) Cálculo del volumen

A Caudal máximo: $$V_{(Qmax)} = t_{R(Qmax)} \cdot Qmax = 2 \cdot 460{,}8 = 921{,}6\,m^3$$

A Caudal medio: $$V_{(Qmed)} = t_{R(Qmed)} \cdot Qmed = 3 \cdot 256 = 768\,m^3$$

Es decir, el volumen total de decantación debe ser $\geq$ 921,6 m^3.

Calculamos la altura:

$$h \geq \frac{Volumen}{Sup.\,real} = \frac{921{,}6}{353{,}4} = 2{,}6\,m$$

Este valor, es inferior al recomendado en el apartado 6.1.1.9., por lo que fijamos una altura h= 3 m y por lo tanto el volumen real será:

h = 3 m; $V_{real} = 3 \cdot 353{,}4 = 1.060{,}2\ m^3$

D) Cálculo de la carga sobre vertedero

A Caudal máximo: $$C_{vert(Qmax)} = \frac{Qmax}{2 \cdot 2\pi \cdot R} = \frac{460{,}8}{2 \cdot 2\pi \cdot 7{,}5} = 4{,}88\,\frac{m^3}{h \cdot ml} \leq 10{,}5$$

A Caudal medio: $$C_{vert(Qmed)} = \frac{Qmed}{2 \cdot 2\pi \cdot R} = \frac{256}{2 \cdot 2\pi \cdot 7{,}5} = 2{,}72\,\frac{m^3}{h \cdot ml} \leq 5{,}7$$

6.1.2.3. CASO 2: Aireación prolongada

DATOS DE DISEÑO:

En los procesos de aireación prolongada, al no existir decantación primaria, los datos de diseño serán:

Caudales	Situación actual	Datos de diseño
Caudal medio (m^3/h)	158,5	256
Caudal punta (m^3/h) (Q_{med} x 1,95)	309	499
Caudal máximo (m^3/h) (Q_{med} x 2,4)	380	614

Cargas	Situación actual	Datos de diseño
Kg. DBO_5 / d	811,5	1.455,5
Kg. SSV / d	1.088	1.952
Kg. SST / d	1.360	2.440
Kg. N-NTK/d	196	352

El rendimiento del proceso en este caso será:

$$\eta = \frac{236{,}9 - 6}{236{,}9} = 97\%$$

NOTA: Se ha considerado una DBO_5 soluble de 6 mg/l en el efluente, dato obtenido a partir de la tabla II.6.1.1. para una edad del fango de 22 días.

Establecemos las siguientes condiciones de funcionamiento propios de un proceso de aireación prolongada:

- Coeficientes cinéticos:
  - Coeficiente de crecimiento Y= 1,3
  - Coeficiente de mortandad kd= 0,06

- Sólidos en suspensión en el licor mezcla
  - MLSS = 4.000 mg/l

- Sólidos en suspensión volátiles en el licor mezcla
  - MLSSV = 0,7 · 4.000 = 2.800 mg/l

NOTA: El porcentaje de volátiles es inferior en este caso al de los fangos activos convencionales al existir una mayor mineralización. Se ha supuesto un 70%

- Edad del fango (obtenida de la tabla II.6.1.1.)

$$\theta_C = 22 \ días$$

Para este valor tenemos una DBO5 soluble en el efluente de 6mg/l.

CALCULOS:

1. Cálculo del volumen del reactor

El número de microorganismos en el reactor viene dado por la expresión:

$$X = \frac{\theta_C}{t_R} \cdot \frac{Y \cdot (S_0 - S)}{(1 + k_d \cdot \theta_C)}$$

Sustituyendo el tiempo de retención hidráulico t_R por V_R/Q, obtenemos.

$$V_r = \frac{Q \cdot \theta_C \cdot Y \cdot}{X \cdot} \frac{(S_0 - S)}{(1 + k_d \cdot \theta_C)}$$

$$V_r = \frac{256 \cdot 24 \cdot 22 \cdot 1{,}3 \cdot (236{,}9 - 6)}{4.000 \cdot (1 + 0{,}06 \cdot 22)} = 4.372{,}13\, m^3$$

Adoptamos una cuba de superficie 20 x 60 m y altura 3,8.

Nuevo volumen: 20 x 60 x 3,8 = 4,560 m^3.

Con el nuevo volumen adoptado la nueva edad del fango será:

$$\frac{1}{\vartheta_C} = Y \cdot \frac{Q \cdot (S_0 - S)}{V_r \cdot X} - K_d$$

$$\frac{1}{\vartheta_C} = 1{,}3 \cdot 0{,}077 - 0{,}06$$

nueva θ_C = 24,38 días.

2. Comprobación del tiempo de retención hidráulica en el reactor:

$$t_R' = \frac{V_r}{Q} = \frac{4.560}{256 \cdot 24} = 0{,}74\, d = 17{,}8\, h$$

3. Comprobación de la carga másica:

$$C_m = \frac{S_O \cdot Q}{X \cdot V_r} = \frac{236{,}9 \cdot 256 \cdot 24}{1.000 \cdot 4{,}0 \cdot 4.560} = 0{,}08 \frac{kgDBO_5 / d}{MLSS}$$

Valor válido según los valores recomendados en la tabla II.6.1.2.

4. Comprobación de la carga volúmica

$$C_V = \frac{S_O \cdot Q}{V_r} = \frac{236{,}9 \cdot 256 \cdot 24}{1.000 \cdot 4.560} = 0{,}32 \frac{kgDBO_5 / d}{m^3}$$

5. Cálculo de la necesidad teórica de oxígeno

– Necesidad de oxígeno para la síntesis:

a' =0,50 + 0,01 · θ_C = 0,5 + 0,01 · 24,38 = 0,74

Como este valor es superior a 0,62, adoptamos directamente:

a' = 0,62 kg O_2/kg DBO_5
O.N.$_S$= 0,62·1.455,5 = 902,41 kg O_2/d

– Necesidad de oxígeno para la endogénesis:

$$b' = \frac{0{,}13 \cdot \vartheta_C}{(1+0{,}16 \cdot \vartheta_C)} = \frac{0{,}13 \cdot 24{,}38}{(1+0{,}16 \cdot 24{,}38)} = 0{,}64 \frac{Kg.O_2}{Kg.DBO_5}$$

O.N.$_E$= 0,64·1.455,5 = 931,52 kg O_2/d

Luego la necesidad total teórica sería:

O.N.= 902,41 + 931,52 = 1.833,93 kg O_2/d

Pero, con una edad del fango de 24,38 días es seguro que tiene lugar una nitrificación en el sistema. Por tanto, en el cálculo de las necesidades de oxígeno deben tenerse en cuenta las debidas a la nitrificación. No obstante, muchas veces, para ahorrar energía, no se tienen en cuenta estas últimas necesidades contando con una concentración de oxígeno en las balsas próximas a cero, para así limitar la nitrificación.

Una baja concentración de oxígeno, y un funcionamiento discontínuo de las turbinas de aireación permiten obtener un elevado grado de desnitrificación.

Con este planteamiento podemos calcular las siguientes necesidades de oxígeno:

Necesidades teóricas medias:

– Necesidad de síntesis:

a' = 0,62 kg O_2/kg DBO_5

– Necesidad de endogénesis:

b' = 0,64 kg O_2/kg DBO_5

– Nitrificación – Desnitrificación (ver capítulo II.7)

A) Carga de nitrógeno a nitrificar

Influente al reactor biológico: 352 kg. NTK/d

De esto suponemos:

2,5% es Norgánico:	8,8 kg/d
97,5% es $N\text{-}NH_4^+$:	343,2 kg/d

A deducir:

Norgánico en salida (estimado 1 mg/l) = 6,15 kg/d
N. Fangos exceso (estimado 5% de DBO_5) = 72,78 kg/d

Carga nitrógeno a nitrificar:

$N_N = 352 - 6{,}15 - 72{,}78 = 273$ kg/d

B) Capacidad de desnitrificación

Los requisitos del vertido son: $N\text{-}NO_3 < 20$ mg/l (122,86 kg/d)
Luego la cantidad de Nitrógeno a desnitrificar será:

$$273 - 122{,}86 = 150 \text{ kg/d}$$

Capacidad de desnitrificación:

$$\frac{150}{1.455{,}5} = 0{,}103 \frac{kg.N - NO_3}{kg.DBO_5}$$

C) Eliminación media de nitrógeno

- Nitrógeno desnitrificado diariamente:

$$N\text{-}NO_{3,desnitrif} = 0{,}103 \cdot 1.455{,}5 = 150 \text{ kg/d}$$

- Nitratos en salida:

$$N - NO_{3,efluente} = N_N - N\text{-}NO_{3,desnitrif.} = 273 - 150 = 123 \text{ kg/d}$$

D) Oxígeno necesario para nitrificar/desnitrificar

$$O.N._N = \frac{4{,}6 \cdot N - NO_{3,efluente} + 1{,}7 \cdot N - NO_{3,desnitrif.}}{kg.DBO_5 / d} = \frac{4{,}6 \cdot 123 + 1{,}7 \cdot 150}{1.455{,}5} = 0{,}564 \frac{Kg.O_2}{kg.DBO_5}$$

Por tanto, en esta hipótesis, la necesidad total teórica de oxígeno será:

$$0{,}62 + 0{,}64 + 0{,}564 = 1{,}824 \text{ kg.}O_2\text{/kg.}DBO_5$$

Considerando los kg.de DBO_5 eliminados al día:

$$0{,}97 \cdot 1.455{,}5 = 1.412 \text{ kg/d}$$

$$O.N. = 1{,}824 \cdot 1.412 = 2.575 \text{ kg.}O_2\text{/d}$$

6. Necesidades punta

En nuestro caso teníamos una punta de contaminación en P = 200%, lo cual aplicando la fórmula $0{,}45 \cdot P + 55$ se traduce en una punta de oxigenación sobre la síntesis y sobre la nitrificación de:

$0{,}45 \cdot 200 + 55 = 145$; (aprox. 150%)

- Necesidad de síntesis: $1{,}5 \cdot 0{,}62 = 0{,}93$ kg O_2/kg DBO_5

- Necesidad de endogénesis: 0,64 kg O_2/kg DBO_5

- Necesidad de nitrificación: $1{,}5 \cdot 0{,}56 = 0{,}84$ kg O_2/kg DBO_5

Y por tanto, la necesidad total en punta será:

$$0{,}93 + 0{,}64 + 0{,}84 = 2{,}41 \text{ kg } O_2/\text{kg } DBO_5$$

Considerando los kg. de DBO_5 eliminados al día: $0{,}97 \cdot 1.455{,}5$ kg DBO_5/d

$$O.N._{punta} = 2{,}41 \cdot 0{,}97 \cdot 1.455{,}5 = 3.402{,}5 \text{ kg } O_2/d$$

7. Cálculo de las necesidades reales de oxígeno

Según se ha indicado en el apartado teórico, el oxígeno a aportar en las condiciones reales vendrá dado por:

$$Oxígeno\ real = \frac{Oxígeno\ necesario\ teórico}{k_t}$$

Siendo k_t el coeficiente global de transferencia que se calcula a su vez como el producto de otros tres coeficientes:

$$K_t = K_{t1} \cdot K_{t2} \cdot K_{t3}$$

Coeficiente K_{t1}: Que tiene en cuenta el déficit de saturación de oxígeno del licor mezcla

- Temperatura del agua en el tanque de aireación: 15 °C
- Concentración media de oxígeno en el tanque de aireación: $C_x = 0{,}5$ mg/l
- Concentración de saturación en agua clara, a 15 °C y presión atmosférica normal $C_s = 10{,}15$ mg/l

Para calcular la concentración de saturación a la temperatura de 15 °C (C_s'), lo haremos a partir del valor obtenido de C_s de las tablas aplicándole los siguientes factores de corrección:

a) Parámetro β que tiene en cuenta los sólidos en suspensión del licor y su salinidad

Para salinidad <3 g/l, adoptamos $\beta = 0.98$

b) Parámetro C_P que tiene en cuenta las variaciones de presión debidas a la altitud

$$C_P = 1 - 0,111 \cdot 600/1.000 = 0,933$$

NOTA: Se ha supuesto una altitud de 600 m s/nivel del mar.

c) Parámetro C_A que tiene en cuenta la altura de agua en el tanque de aireación.

Suponemos que la aireación se va a llevar a cabo mediante sistemas de turbinas de superficie, por lo que la concentración de saturación media es la misma que en la superficie. No hay corrección. $C_A = 1$.

Aplicando los factores de corrección:

$$C'_S = C_S \cdot \beta \cdot C_P \cdot C_A$$

$$C'_S = 10,15 \cdot 0,98 \cdot 0,933 \cdot 1 = 9,28$$

Luego el coeficiente K_{t1} será:

$$K_{t1} = \frac{C_S' - C_X}{C_S} = \frac{9,28 - 0,5}{10,15} = 0,865$$

Coeficiente K_{t2}: Que tiene en cuenta la influencia de la temperatura en la velocidad de difusión del oxígeno:

$$K_{t2} = 1,024^{(T-10)}$$

Como se ha adoptado una temperatura del agua en el tanque de aireación de 15 ºC:

$$K_{t2} = 1,024^{(15-10)} = 1,126$$

Coeficiente K_{t3}: Que tiene en cuenta la influencia de la temperatura en la velocidad de disolución del oxígeno según las características del licor.

En nuestro caso la difusión de aire hemos dicho que se realiza con turbinas de superficie, por lo que entrando en la tabla II.6.1.6:.

$$K_{t3} = 0,9$$

Por lo tanto, el coeficiente global de transferencia K_t valdrá:

$$K_t = K_{t1} \cdot K_{t2} \cdot K_{t3} = 0,865 \cdot 1,126 \cdot 0,9 = 0,877$$

y por lo tanto, el oxígeno a aportar en condiciones reales será:

$$Oxígeno \cdot real = \frac{O.N.\,teórico}{k_t} = \frac{2.575}{0,877} = 2.936 \;\; kgO_2/d$$

$$Oxígeno\ real\ en\ condiciones\ punta = \frac{O.N.\,teórico\ en\ punta}{k_t} = \frac{3.402,5}{0,877} = 3.879,7\ kg.O_2/d$$

8. Potencia a instalar

Adoptamos una capacidad de transferencia de las turbinas de 2 kg O_2/kw h.

$$Pot = \frac{O.\,real\ punta\,(kg.O_2/d)}{C.\,Transferencia\,(kg.O_2/kwh)\cdot 24} = \frac{3.879,7}{2\cdot 24} = 80,83\,kw$$

Considerando las dimensiones adoptadas en el tanque de aireación 20 x 60, podemos hacer la siguiente distribución:

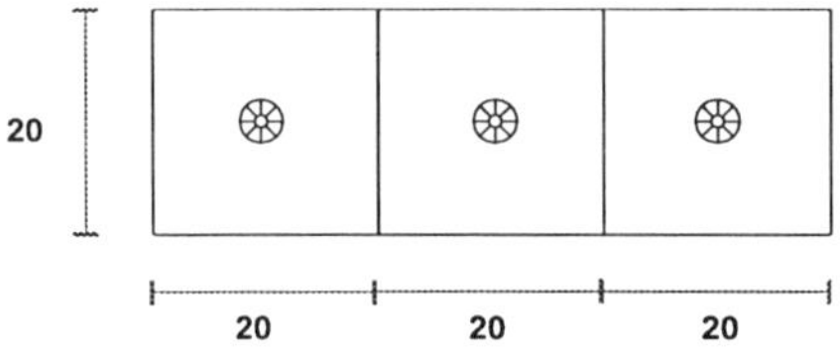

Adoptamos pues, 3 turbinas de 30 kw.

Potencia total instalada = 90 kw

Figura II.6.1.9

9. Recirculación

$$\frac{Q_r}{Q} = \frac{X \cdot I}{1.000 - X \cdot I}$$

Adoptamos un valor del Indice de Mohlmann I = 200

$$\frac{4,0 \cdot 200}{1.000 - 200 \cdot 4,0} = 4,0$$

Q_r = 4,0·Q = 4,0·256 =1.024 m^3/h

La concentración de la recirculación

$$X_r = \frac{Q_r + Q}{Q_r} \cdot X = \frac{4 \cdot Q + Q}{4 \cdot Q} \cdot 4,0 = 5,0\,\frac{kg}{m^3}$$

10. Cálculo de los fangos en exceso

Método 1:

Según las fórmulas del apartado teórico 6.1.1.8., tomado el valor de

$$\frac{0{,}6 \cdot S.S}{DBO_5} = 1{,}01:$$

La cantidad de fango en exceso será:

$$P_{X(SSV)} = \left[\frac{0{,}57}{1+0{,}16 \cdot 24{,}38} + 0{,}14 + 0{,}2 \cdot 1{,}01\right] \cdot kg.\ DBO_5\ elim/d =$$

$$= 0{,}46 \cdot (0{,}97 \cdot 1.455{,}5) = 647\ kg.\ SSV/d$$

$$P_{X(SST)} = \left[\frac{0{,}57}{1+0{,}16 \cdot 24{,}38} + 0{,}14 + 0{,}5 \cdot 1{,}01\right] \cdot kg.\ DBO_5\ elim/d =$$

$$= 0{,}76 \cdot (0{,}97 \cdot 1.455{,}5) = 1.075\ kg.\ SST/d$$

Método 2:

Otra forma de calcularlo sería a partir de la ecuación de producción de biomasa según:

$$P_{X(SSV)} = \frac{Y \cdot (S_0 - S) \cdot Q}{(1+K_d \cdot \vartheta_C)} = \frac{1{,}3 \cdot (236{,}9-6) \cdot 256 \cdot 24}{(1+0{,}06 \cdot 24{,}38) \cdot 1.000} = 748{,}8\ kg.\ SSV/d$$

La masa total de fangos a purgar, teniendo en cuenta que en nuestro caso un 70% de los sólidos son volátiles al estar en un proceso de aireación prolongada y por tanto, estar toda la biomasa muy estabilizada:

$$P_{X(SST)} = \frac{748{,}8}{0{,}7} = 1.070\ kg.\ SST/d$$

La cantidad de fango a purgar se calculará como:

Masa a purgar = Incremento de biomasa (MLSS) – S.S. perdidos en el efluente = 1.070 kg/d – 0,015 · 256 · 24 = 978 kg/d.

11. Decantación secundaria

Adoptamos los valores de diseño de la tabla II.6.1.7:

A) Cálculo de la superficie

A Caudal máximo: $$A_{(Qmax)} = \frac{Qmax}{V_{asc(Qmax)}} = \frac{614}{1,5} = 409,3\, m^2$$

A Caudal medio: $$A_{(Qmed)} = \frac{Qmed}{V_{asc(Qmed)}} = \frac{256}{0,7} = 365,7\, m^2$$

Es decir, la superficie debe ser $\geq$ 409,3 m^2

Adoptamos 2 unidades circulares de diámetro 16,5.

$$A_{real} = 2 \cdot \pi \cdot \frac{\phi^2}{4} = 2 \cdot \pi \cdot \frac{16,5^2}{4} = 427,6\, m^2$$

B)Comprobación de la carga de sólidos

A Caudal máximo: $$C_{sol.(Qmax)} = \frac{X \cdot Qmax}{Sup.\, real} = \frac{4,0 \cdot 614}{427,6} = 5,74 \frac{kg}{m^2 \cdot h} \leq 7$$

A Caudal medio: $$C_{sol.(Qmed)} = \frac{X \cdot Qmed}{Sup.\, real} = \frac{4,0 \cdot 256}{427,6} = 2,39 \frac{kg}{m^2 \cdot h} \leq 4,2$$

Luego la superficie adoptada es válida.

C) Cálculo del volumen

A Caudal máximo: $$V_{(Qmax)} = t_{R(Qmax)} \cdot Qmax = 1,7 \cdot 614 = 1.043,8\, m^3$$

A Caudal medio: $$V_{(Qmed)} = t_{R(Qmed)} \cdot Qmed = 3,6 \cdot 256 = 921,6\, m^3$$

Es decir, el volumen total de decantación debe ser $\geq$ 1.043,8 m^3.

Calculamos la altura:

$$h \geq \frac{Volumen}{Sup.\, real} = \frac{1.043,8}{427,6} = 2,44\, m$$

Este valor, es inferior al recomendado en el apartado 6.1.1.9., por lo que fijamos una altura h= 3 m y por lo tanto el volumen real será:

$$h = 3 \text{ m}; \qquad V_{real} = 3 \cdot 427{,}6 = 1.282{,}8 \text{ m}^3.$$

D) Comprobación de la carga sobre vertedero

A Caudal máximo: $$C_{vert(Qmax)} = \frac{Qmax}{2 \cdot 2\pi \cdot R} = \frac{614}{2 \cdot 2\pi \cdot 8{,}25} = 5{,}92 \frac{m^3}{h \cdot ml} \leq 9$$

A Caudal medio: $$C_{vert(Qmed)} = \frac{Qmed}{2 \cdot 2\pi \cdot R} = \frac{256}{2 \cdot 2\pi \cdot 8{,}25} = 2{,}47 \frac{m^3}{h \cdot ml} \leq 4$$

. DIMENSIONADO DECANTACIÓN SECUNDARIA.

(1) $V_{asc} = \frac{Q}{S}$ → $S = 2\pi r^2$;; → Ø

{ Qmax, Qmed (pág. 36)

$t_r = \frac{Vol}{Q}$ → Vol

Lecho Bacteriano: $V_{asc} = \frac{Q + \text{Recirculación}}{S}$

(2) Comprobación: $h = \frac{Vol}{S}$ (pág. 65) (3 m)

(3) Carga sobre vertedero: $V_{vert} = \frac{Q}{L}$ (m^3/h) { Qmax, Qmed // $L = 2\pi r \cdot$ nº decant.

(4) Comprobación: pág. 65.

6.2. Lechos bacterianos

6.2.1. Conceptos teóricos

6.2.1.1. Consideraciones generales

Los lechos bacterianos son un sistema de depuración biológica de aguas residuales en el que la oxidación se produce al hacer circular, a través de un medio poroso, aire y agua residual. La circulación del aire se realiza de forma natural o forzada, generalmente a contra corriente del agua.

La materia orgánica y sustancias contaminantes del agua son degradadas en una película biológica compuesta por microorganismos, que se desarrollan alrededor de los elementos constitutivos de la masa porosa que son el material soporte de la película. Esta película no debe tener más de 3 mm de espesor ya que no se puede asegurar la acción del oxígeno en espesores mayores. La película se forma por adherencia de los microorganismos al árido y a las partículas orgánicas, formando la película.

La película biológica está constituida principalmente por bacterias autótrofas (fondo) y heterótrofas (superficie), hongos (Fusarium), algas verdes y protozoos. También se encuentran en el interior del lecho, animales más evolucionados, como gusanos, larvas de insectos, caracoles y limacos.

6.2.1.2. Tipos de lechos bacterianos

Los lechos bacterianos pueden clasificarse atendiendo a aspectos funcionales o a aspectos constitutivos. Así puede hacerse la siguiente clasificación:

CRITERIO	TIPO
Recirculación	Sin recirculación Con recirculación: (Ver figuras)
Carga	Baja Media Alta
Material de relleno	Arido Plástico
Construcción	Forma: Circular Rectangular Aislamiento: Abierto Cubierto
Ventilación	Natural Ventilado
Forma de trabajo	Normal Fluidificado
Movilidad del material soporte	Fijo Fluidificado Biodiscos-biocilindros

En la figura siguiente pueden observarse los diferentes diagramas de flujo para lechos de alta y media carga con sus correspondientes recirculaciones:

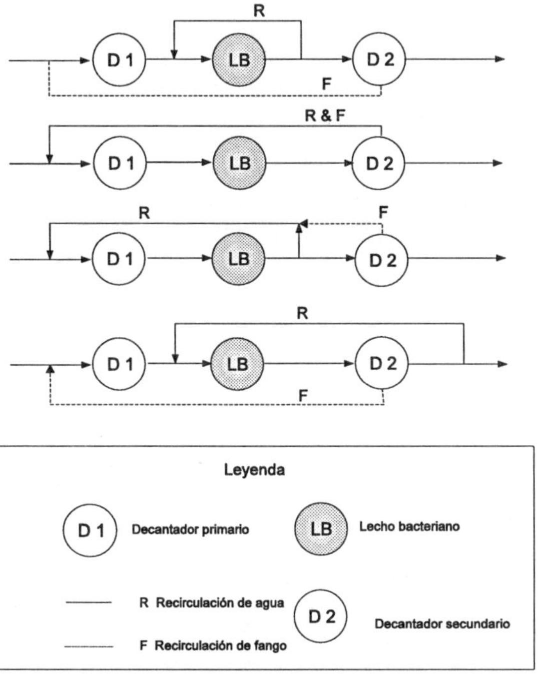

Fig. II.6.2.1. *Diagramas de flujo lechos bacterianos en etapa única*

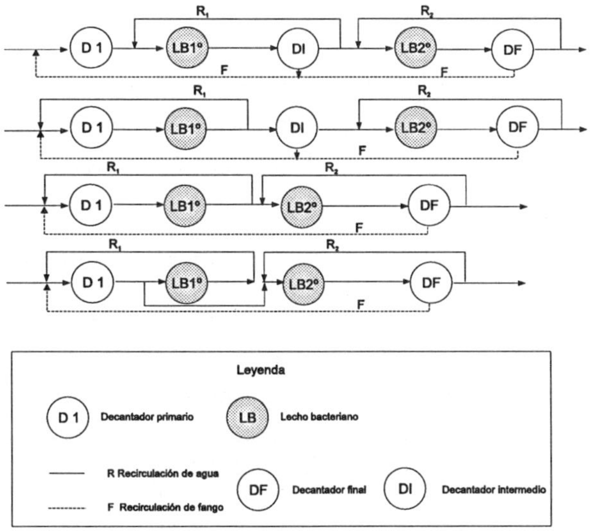

Fig. II.6.2.2. *Diagramas de flujo lechos bacterianos en doble etapa*

6.2.1.3. Parámetros diseño

A) Carga hidráulica

Se expresa en m^3 de agua aplicada por m^2 de superficie del lecho. Esta carga es la que condiciona la velocidad de paso a través del material, y por lo tanto el tiempo de retención, que es el factor del que depende, en condiciones normales, la eliminación de la DBO, y el rendimiento del sistema.

Tabla II.6.2.1.: *Valores de diseño recomendados para la carga hidráulica*

Tipo de lecho	**Baja carga**	**Media carga**	**Alta carga**	
	Piedra	Piedra	Piedra	Plástico
Carga hidráulica (m^3 / m^2·h)	0,02 – 0,13	0,04 – 0,41	0,35 – 1,55	0,72 – 2,5

B) Superficie específica

La superficie recubierta por las membranas bacterianas, o superficie regada por m^3 de lecho filtrante, depende del tamaño de los elementos utilizados en su construcción.

Se obtiene así este parámetro como cociente de la superficie de los áridos por m^3. Este se relaciona con el tiempo de retención de las aguas en el lecho.

Tabla II.6.2.2.: *Propiedades físicas de los materiales filtrantes*

Medio filtrante	**Superficie específica (m^2/m^3)**	**Porcentaje de huecos (%)**
Gravas de río: - Pequeñas - Grandes	 55-69 39-164	 40-50 50-60
Escorias de altos hornos: - Pequeñas - Grandes	 55-69 46-59	 40-50 50-60
Plástico: - Convencional - Con alta superficie específica	 79-98 98-196	 94-97 94-97

C) Carga volúmica

Este parámetro indica los Kg. de DBO_5 aplicados diariamente por m^3 de material filtrante.

Los valores recomendados pueden obtenerse de la tabla siguiente:

Tabla II.6.2.3.: *Valores de diseño recomendados para la carga volúmica*

Tipo de lecho	**Baja carga**	**Media carga**	**Alta carga**	
	Piedra	Piedra	Piedra	Plástico
Carga volúmica (Kg DBO_5 / m^3·d)	0,08– 0,4	0,3 – 0,7	0,4 – 1,8	0,4 – 5,0

D) Recirculación del efluente

D.1) Material soporte áridos:

La recirculación de una parte del efluente, ya sea al decantador primario, o al lecho bacteriano directamente, persigue mejorar el rendimiento del proceso. Efectivamente, la recirculación cumple los siguientes objetivos:

a) Efectúa una dilución del influente, reduciendo el efecto que pueda producirse de una sobrecarga instantánea.

b) Reduce la tasa de crecimiento de la película biológica por el mismo efecto de dilución.

c) Produce un mayor arrastre de las partes no activas de la película biológica, procurando un contacto más efectivo de ésta con el influente.

d) Tiende a procurar una distribución vertical más uniforme de la película.

e) Se produce un aumento de rendimiento, como consecuencia del hecho de que el agua a tratar ya no pasa solamente una vez por el sistema, sino que, dependiendo del porcentaje de recirculación, hay una cierta parte de aquélla que pasa una vez, otra que pasa dos veces, otras tres, etc.

Se define como coeficiente de recirculación al cociente:

$$r = \frac{Q_R}{Q}$$

siendo:
r = coeficiente de recirculación
Q = caudal de agua residual entrado en la planta.
Q_R = caudal recirculado.

Para el dimensionamiento, se recomienda el empleo de los siguientes valores como primer tanteo:

Tabla II.6.2.4.: *Valores de coeficiente de recirculación*

ks. DBO5 entr

DBO5 de salida del decantador primario (mg/l)	Recirculación (%)
≤ 100	50
100 – 125	100
125 – 150	150
150 - 175	200
≥ 175	250

Se denomina factor de recirculación al número de veces que la materia orgánica pasa por el lecho. Este factor viene dado por:

$$F = \frac{1 + r}{(1 + 0{,}1\ r)^2}$$

D.2) Material soporte plástico:

La aplicación de la recirculación a lechos de medios sintéticos tiene una concepción diferente a la de los filtros de piedra. Los medios sintéticos típicos necesitan un caudal específico de riego (caudal por unidad de área) más alto para favorecer el desarrollo de la capa biológica a lo largo de la profundidad del filtro. Por tanto, es necesario recircular para mantener el grado de mojado necesario para cada medio determinado. El efecto de la recirculación se analiza en el ejemplo práctico de dimensionamiento que se expone a continuación.

Los coeficientes de recirculación en este tipo de lechos varían de 1 a 4.

E) Profundidad de los lechos bacterianos

Los valores recomendados pueden obtenerse de la tabla siguiente:

Tabla II.6.2.5.: *Valores de diseño recomendados para la profundidad de un lecho bacteriano*

Tipo de lecho	**Baja carga**	**Media carga**	**Alta carga**	
	Piedra	Piedra	Piedra	Plástico
Profundidad:				
Una etapa (m)	1,8 – 3,0	1,5 – 2,5	0,9 – 2,4	3,0 –12,0
Varias etapas (m)		0,75 – 1,2	0,5 – 1,2	1,5 – 5,0

6.2.1.4. Proceso de diseño de una instalación de lechos bacterianos

A) Masa soporte: áridos

El National Research Council (N.R.C.) ha dado las siguientes fórmulas para establecer el rendimiento de los lechos bacterianos. Son ecuaciones que relacionan la eficiencia del lecho con la carga hidráulica y la orgánica específica. Son expresiones empíricas obtenidas del estudio del comportamiento de plantas reales, dado que la irregular naturaleza de las piedras, cantos rodados y escorias empleados en la construcción de estos lechos, hace difícil obtener expresiones teóricas que se ajusten a la realidad del funcionamiento de este tipo de instalaciones.

Para un filtro de material pétreo de un proceso de filtración que conste de un solo filtro o para el primer filtro de un proceso de doble etapa, la ecuación es la siguiente:

$$E_1 = \frac{100}{1 + 0{,}4425 \cdot \sqrt{\dfrac{W}{V \cdot F}}}$$

Donde:

E_1 = Rendimiento de eliminación de la DBO a la temperatura de 20 °C, incluyendo los efectos de la recirculación y la sedimentación (porcentaje).

W = carga de DBO aplicada al filtro (kg/día).

V = volumen del medio filtrante (m^3)

F = factor de recirculación.

El factor de recirculación representa el número medio de veces que circula a través del filtro la materia orgánica del afluente. El término del denominador "0,1·r" pretende tener en cuenta el hecho, observado experimentalmente, de que la eliminación de la materia orgánica disminuye conforme aumenta el número de pasos de aquélla a través del filtro.

Para el filtro secundario la ecuación propuesta es:

$$E_2 = \frac{100}{1 + \dfrac{0{,}4425}{1 - E_1} \cdot \sqrt{\dfrac{W'}{V \cdot F}}}$$

Donde:

E_2 = Rendimiento de eliminación de la DBO a la temperatura de 20° C para el filtro secundario, incluyendo el efecto de la sedimentación y de la recirculación (porcentaje).

E_1 = fracción de DBO eliminada en el filtro de la primera etapa

W' = carga de DBO aplicada al filtro de la segunda etapa (kg/día).

B) Masa soporte: materiales plásticos

Debido a que las propiedades de los medios de plástico son más predictibles o conocidas a priori, se han desarrollado numerosas relaciones empíricas para predecir el funcionamiento y rendimiento de los filtros percoladores con rellenos de materiales plásticos. Una de las expresiones más frecuentemente empleada para describir el funcionamiento observado en este tipo de filtros es la propuesta por Germain y Schultz.

La forma general de la ecuación propuesta es la siguiente:

$$\frac{S_e}{S_i} = e^{\left(\frac{-k_{20} \cdot D}{Q_v^{\,n}}\right)}$$

Donde:

S_e = DBO_5 total del efluente del filtro sedimentado (mg/l)

S_i = DBO_5 total del agua residual aplicada al filtro (mg/l)
k_{20} = constante de tratabilidad correspondiente a la profundidad media del filtro (D) a la temperatura de 20°C, las unidades varían en función del valor del exponente n.
D = profundidad del filtro (m)
n = constante experimental, normalmente n = 0,5
Q_v = caudal volumétrico aplicado por unidad del área del filtro = Q/A (m^3/min m^2)
Q = caudal aplicado al filtro sin recirculación, m^3/min
A = área transversal del filtro, m^2

En caso de no disponerse de datos procedentes de unos ensayos previos en planta piloto pueden adoptarse los siguientes valores para la constante de tratabilidad k_{20}:

Tabla II.6.2.6.: *Valores de la constante de tratabilidad k_{20}*

Tipo de agua residual	**Cte. de tratabilidad k_{20} $(l/s)^{0,5}$ / m^2**
Domésticas	0,111 – 0,172
Domésticas y alimentarias	0,103 – 0,144
Envasado de frutas	0,034 – 0,086
Envasado de carnes	0,051 – 0,086
Residuos de papeleras	0,034 – 0,069
Procesado de patatas	0,060 – 0,086
Refinerías	0,034 – 0,121

Nota: Los datos son válidos para:
Lechos bacterianos de torre de 6 m material plástico
Temperatura del agua de 20 °C

El efecto de la temperatura del agua residual sobre la eficacia de la filtración se puede tener en cuenta ajustando el valor de k_{20} empleando para ello un valor de θ = 1,035. El intervalo de valores de θ que se ha podido establecer es 1,02 a 1,08 (valor típico: 1,035).

En base al análisis de los datos correspondientes a diversos filtros existentes, Albertson demostró que hay que introducir correcciones en el valor de la constante de tratabilidad para un agua residual determinada cuando se pretende aplicar el valor de k_{20} observado para una profundidad determinada para el diseño de un filtro de diferente profundidad. La relación propuesta por Albertson es la siguiente:

$$k_2 = k_1 \cdot \left(\frac{D_1}{D_2} \right)^x$$

Donde:
k_1 = constante de tratabilidad para la profundidad del lecho D_1.
K_2 = constante de tratabilidad para la profundidad del lecho D_2
D_1 = profundidad del primer lecho (m)

D_2 = profundidad del segundo lecho (m)
x = 0,5 para material pétreo y 0,3 para lechos de materiales plásticos

6.2.1.5. Producción de fangos

Los valores reflejados en la literatura indicadores de la producción de fangos quedan reflejados en la siguiente tabla:

Tabla II.6.2.7.: *Valores de diseño para la producción de fangos*

Producción de fangos	Valores recomendados	
	Valor mínimo	Valor máximo
Kg de SST por Kg DBO_5 eliminada	0,65	0,85
Kg de SSV por Kg DBO_5 eliminada	0,40	0,55

6.2.1.6. Decantación secundaria

La función de los tanques de sedimentación que siguen a los lechos bacterianos es la producción de un efluente clarificado. La diferencia respecto a los decantadores secundarios de un proceso de fangos activados es la ausencia de recirculación de fangos. Todo el fango extraído de los decantadores de los lechos bacterianos, se conduce a las instalaciones de tratamiento de fango.

El diseño de los tanques es similar al de los decantadores primarios, con la excepción de que la carga superficial o velocidad ascensional, toma como caudal de cálculo el caudal de diseño del tratamiento biológico más el caudal de recirculación.

En la tabla siguiente se indican los valores de diseño recomendados para este tipo de instalaciones.

Tabla II.6.2.8.: *Valores de diseño recomendados para decantadores secundarios en un proceso de lechos bacterianos*

	Valores recomendados	
Parámetro	**Q med**	**Qmax**
Velocidad ascensional ($m^3/m^2 \cdot h$)	0,7 – 1,0	1,5 – 2,0
Carga de sólidos ($Kg/m^2 \cdot h$)	2,9 – 4,9	$\leq 7,8$
Tiempo de retención (h)	2,5	1,5
Carga sobre vertedero ($m^3/h \cdot ml$)	$\leq 8,5$	≤ 15

En cuanto a la altura recta sobre vertedero (profundidad del agua medida en los muros perimetrales en los decantadores circulares, y en el muro de salida del efluente en los decantadores rectangulares), la E.P.A. recomienda los siguientes valores:

$$3,0 \leq h \leq 3,6 \text{ m}$$

6.2.2. Caso práctico de dimensionamiento

6.2.2.1. Caso 1: Lechos bacterianos de material pétreo

DATOS DE DISEÑO:

Tratamiento secundario:

Los rendimientos exigidos al tratamiento primario fueron de:
S.S. 55% de eliminación
DBO_5 35% de eliminación

Con lo anterior los datos de dimensionado del tratamiento secundario serán:

Caudales	Situación actual	Datos de diseño
Caudal medio (m^3/h)	158,5	256
Caudal punta (m^3/h) (Q_{med} x 1,75)	277	448
Caudal máximo (m^3/h) (Q_{med} x 1,8)	285,3	460,8

Cargas	Situación actual	Datos de diseño
Kg DBO_5/d	527,5	946,08
Kg. S.S.V /d	490	878
Kg. S.S.T /d	612	1.098
Kg. DQO/d	1.077	1.824
Kg. N-NTK/d	186	332

CALCULOS:

El rendimiento del proceso biológico debe ser:

$$\frac{153{,}9 - 20}{153{,}9} = 87\ \%$$

El primer punto a determinar es si es suficiente colocar un único lecho bacteriano o bien es necesario colocar dos unidades en serie:

Hipótesis 1: lecho en etapa única

1. Eficacia requerida

$$E = \frac{153{,}9 - 20}{153{,}9} = 87\%$$

2. Cálculo del factor de recirculación

Establecemos según la tabla II.6.2.4., una relación de recirculación de 1,5:1, es decir, el coeficiente de recirculación será:

$$r = \frac{Q_r}{Q} = \frac{1{,}5 \cdot Q}{Q} = 1{,}5$$

Y por tanto el factor de recirculación:

$$F = \frac{1 + r}{(1 + 0{,}1 \cdot r)^2} = \frac{1 + 1{,}5}{(1 + 0{,}1 \cdot 1{,}5)^2} = 1{,}89$$

3. Cálculo del volumen del lecho

$$E_1 = \frac{1}{1 + 0{,}4425 \cdot \sqrt{\frac{W}{V \cdot F}}}$$

W = carga de DBO_5 aplicada al lecho = 946,08 kg/d
F = factor de recirculación = 1,89
V = Volumen del medio filtrante (a determinar)

$$0{,}87 = \frac{1}{1 + 0{,}4425 \cdot \sqrt{\frac{946{,}08}{1{,}89 \cdot V}}}$$

Despejando:

V = 22.419 m^3.

Vemos que se trata de un volumen excesivo por lo que será necesario recurrir a instalar 2 lechos bacterianos en serie.

Hipótesis 2: lechos en doble etapa

Adoptamos un sistema de doble etapa según la primera de las posibilidades ilustradas en la figura II.6.2.2.

PRIMERA ETAPA:

Se colocarán lechos de alta carga con las siguientes cargas y unidades

1. Eficacia conjunta:

$$E = \frac{153{,}9 - 20}{153{,}9} = 87\%$$

$$0{,}87 = E_1 + E_2\,(1 - E_1)$$

Tanteamos en la primera etapa con $E_1 = 0{,}68$

2. Cálculo del factor de recirculación

A partir de los valores recomendados en la tabla II.6.2.4., establecemos la relación de recirculación de 1,5 : 1, es decir, el coeficiente de recirculación será:

$$r = \frac{Q_r}{Q} = \frac{1{,}5 \cdot Q}{Q} = 1{,}5$$

Y por lo tanto el factor de recirculación:

$$F = \frac{1 + r}{(1 + 0{,}1 \cdot r)^2} = \frac{1 + 1{,}5}{(1 + 0{,}1 \cdot 1{,}5)^2} = 1{,}89$$

3. Cálculo del volumen para la primera etapa:

Rendimiento: $$E_1 = \frac{1}{1 + 0{,}4425 \cdot \sqrt{\dfrac{946{,}08}{1{,}89 \cdot V_1}}} = 0{,}68$$

Despejando: $V_1 = 442{,}6\ m^3$

4. Dimensiones del primer lecho bacteriano

Seleccionamos de la tabla II.6.2.1. una carga hidráulica para un lecho de alta carga:

$$C_H = 1{,}55\ m^3/m^2\ h$$

Deducimos la superficie necesaria:

$$C_H = \frac{Caudal\ aplicado}{Superficie\ lecho} = \frac{256 + 1{,}5 \cdot 256}{A} = 1{,}55$$

$$A = 412{,}9\ m^2$$

Seleccionamos 2 unidades, luego la superficie unitaria y el radio serán:

$$A = \frac{412{,}9}{2} = 206{,}45\, m^2$$

$$R = \sqrt{\frac{206{,}45}{\pi}} = 8{,}1\, m$$

Altura del lecho:

$$h = \frac{V}{A} = \frac{442{,}6}{412{,}9} = 1{,}07\, m$$; (válido según tabla II.6.2.5.)

5. Comprobaciones de carga

$$Carga\ volumica\ =\ \frac{kg.\ DBO_5\ /\ d}{m^3\ lecho} = \frac{946{,}08}{442{,}6} = 2{,}13\ \frac{kg.DBO_5}{m^3\ d}$$

SEGUNDA ETAPA:

6. Cálculo del rendimiento de la segunda etapa

$$0{,}87 = E_1 + E_2 \cdot (1 - E_1)$$

$$0{,}87 = 0{,}68 + E_2 \cdot (1 - 0{,}68); \qquad E_2 = 0{,}59$$

7. Cálculo de la carga de DBO_5 del segundo filtro

$$W' = (1 - 0{,}68) \cdot 946{,}08 = 302{,}74\, \frac{kg.DBO_5}{d} = 49\, \frac{mg}{l}$$

8. Cálculo del factor de recirculación:

A partir de los valores recomendados en la tabla II.6.2.4., establecemos la relación de recirculación de 0,5 : 1, es decir, el coeficiente de recirculación será:

$$r = \frac{Q_r}{Q} = \frac{0{,}5 \cdot Q}{Q} = 0{,}5$$

Y por lo tanto el factor de recirculación:

$$F = \frac{1 + r}{(1 + 0{,}1 \cdot r)^2} = \frac{1 + 0{,}5}{(1 + 0{,}1 \cdot 0{,}5)^2} = 1{,}36$$

9. Cálculo del volumen para la segunda etapa:

$$E_2 = \frac{1}{1+\frac{0{,}4425}{1-0{,}68}\cdot\sqrt{\frac{946{,}08\cdot 0{,}32}{V_2\cdot 1{,}36}}} = 0{,}59$$

despejando:

$$V_2 = 881{,}45\ m^2$$

10. Dimensiones del segundo lecho bacteriano

Seleccionamos de la tabla II.6.2.1. una carga hidráulica para un lecho de media carga:

$$C_H = 0{,}4\ m^3/m^2\ h$$

Deducimos la superficie necesaria:

$$C_H = \frac{Caudal\ aplicado}{Superficie\ lecho} = \frac{256 + 0{,}5\cdot 256}{A} = 0{,}4$$

$$A = 960\ m^2$$

Altura del lecho:

$$h = \frac{Volumen}{Sup} = \frac{881{,}45}{960} = 0{,}92\,m$$ (válido según tabla II.6.2.5.)

Tomamos 4 ud de las siguientes dimensiones unitarias:

Volumen unitario: 220 m^3
Superficie unitaria: 240 m^2
Radio = 8,74 m

11. Comprobación de carga

$$Carga\ organica = \frac{kg.DBO_5\,/\,d}{m^3\ lecho} = \frac{946{,}08\cdot 0{,}32}{881{,}45} = 0{,}34\ \frac{kg.DBO_5}{m^3\ d}$$

Carga válida para un lecho de media carga según la tabla II.6.2.1.

NOTA:
Aunque el dimensionamiento realizado es perfectamente válido, con objeto de reducir los costes de construcción y facilitar la instalación y mantenimiento de los equipos giratorios habituales, se suelen adoptar filtros del mismo tamaño, es decir, en nuestro caso:

Si en la 2ª etapa en vez de 4 ud. ponemos 5 ud. tendríamos:

- Nueva superficie unitaria:	*192 m²*
- Nuevo volumen unitario:	*176,29 m³*
- Nuevo radio:	*7,8 m*
- Nueva altura:	*0,92 m*

El resto de parámetros de carga y rendimientos siguen siendo los mismos.

En la 1ª etapa, si forzamos o aumentamos ligeramente el radio del lecho calculado de 7,63 m a 7,80 m, aumenta ligeramente la superficie a:

Nueva superficie unitaria: 192 m²

Y la carga hidráulica:

$$C_H = \frac{256 + 1{,}5 \cdot 256}{2 \cdot 192} = 1{,}67$$

Parámetros que siguen siendo válidos para un lecho de alta carga. Para no variar el volumen de la etapa 1 (y por lo tanto tampoco modificar los rendimientos prefijados) variaremos únicamente la altura del lecho:

- Nueva altura: $h = \frac{442{,}6}{384} = 1{,}15\ m$

12. Decantación secundaria

PRIMERA ETAPA:

Adoptamos los valores de diseño recomendados en la tabla II.6.2.8., es decir:

A Qmed : Velocidad ascensional = 1 m/h
Tiempo retención = 2,5 h

A Qmáx. : Velocidad ascensional = 1,5 m/h
Tiempo retención = 1,5 h

Superficie decantador a Qmax:

$$A = \frac{(Q_{max} + R)}{V_{asc}} = \frac{(460{,}8 + 1{,}5 \cdot 460{,}8)}{1{,}5} = 768\ \text{m}^2$$

Superficie decantador a Qmed:

$$A = \frac{(Q_{med} + R)}{V_{asc}} = \frac{(256 + 1{,}5 \cdot 256)}{1} = 640\ \text{m}^2$$

Adoptamos 2 unidades de superficie unitaria $\frac{768}{2} = 384\ \text{m}^2$

Radio = 11 m

Volumen necesario a Qmed:

$$V_{(Qmed)} = (Qmed + R) \cdot t_R(Qmed) = 640 \cdot 2{,}5 = 1.600 \text{ m}^3$$

Volumen necesario a Qmax:

$$V_{(Qmax)} = (Qmax + R) \cdot t_R(Qmax) = 1.152 \cdot 1{,}5 = 1.728 \text{ m}^3$$

Adoptando la solución más desfavorable, tendremos 2 unidades de volumen unitario:

$$V = \frac{1.728}{2} = 864 \quad \text{m}^3$$

La altura de los decantadores será: $h = \frac{V_{unit}}{A_{unit}} = \frac{864}{384} = 2{,}25 \quad \text{m}$

Comprobación de carga sobre vertedero:

$$C_{vert} = \frac{(Q_{max} + R)}{Longitud\ vertedero} = \frac{460{,}8 + 1{,}5 \cdot 460{,}8}{2 \cdot 2\pi \cdot 11} = 8{,}3\, m^3 / h\, ml$$

que es menor de 15 m^3/h ml y por tanto válida.

Producción de fangos:

La producción de fangos hemos visto en el la tabla II.6.2.7. podemos calcularla a partir de los valores experimentales recogidos en la literatura.

P_x = 0,75 kg Fango por Kg DBO_5 eliminada

Los kg de DBO_5 eliminada son: 0,68 · 946,08 = 643,33 kg

P_x = 0,75 · 643,33 = 482,5 kg SST/d

SEGUNDA ETAPA:

Adoptamos los mismos valores de diseño que en la primera etapa:

A Qmed: Velocidad ascensional = 1 m^3/m^2 h
Tiempo de retención = 2,5 h

A Qmax: Velocidad ascensional = 1,5 m^3/m^2 h
Tiempo de retención = 1,5 h

Superficie del decantador a Qmax:

$$A = \frac{(Qmax + R)}{Vasc} = \frac{(460{,}8 + 0{,}5 \cdot 460{,}8)}{1{,}5} = 460{,}8 \text{ m}^2$$

Superficie del decantador a Qmed:

$$A = \frac{(Qmed + R)}{Vasc} = \frac{(256 + 0{,}5 \cdot 256)}{1} = 384 \text{ m}^2$$

Adoptando la solución más desfavorable, tomaremos 4 unidades (una por cada lecho bacteriano) de :

Superficie unitaria $A_{unit} = \dfrac{460{,}8}{4} = 115{,}2$ m^2

Radio = 6 m

Volumen del decantador:

A Qmax: $V(Qmax) = (Qmax + R) \cdot t_R \cdot (Qmax) = 691{,}2 \cdot 1{,}5 = 1.036{,}8 \, m^3$

A Qmed: $V(Qmed) = (Qmax + R) \cdot t_R \cdot (Qmed) = 384 \cdot 2{,}5 = 960 \, m^3$

Adoptando la solución más desfavorable, tomaremos 4 unidades de:

Volumen unitario: $V_{unit} = \dfrac{1.036{,}8}{4} = 259{,}2$ m^3

La altura de los decantadores será: $h = \dfrac{V_{unit}}{A_{unit}} = \dfrac{259{,}2}{115{,}2} = 2{,}25$ m

Comprobación de carga sobre vertedero:

$$C_{vert} = \frac{(Qmax + R)}{Longitud\ vertedero} = \frac{460{,}8 + 0{,}5 \cdot 460{,}8}{2 \cdot 2\pi \cdot 6} = 9{,}1 \quad \text{m}^3\text{/h ml}$$

que es menor de 15 m^3/ h ml y por tanto válido.

Producción de fangos:

Tomando como coeficiente de producción el valor 0,75, según la tabla II.6.2.7:

P_x = 0,75 kg Fango por Kg DBO_5 eliminada

Los kg de DBO_5 eliminada son: 0,59 · 302,74 = 178,62 kg DBO_5/d

$P_x = 0{,}75 \cdot 178{,}62 = 133{,}96$ kg SST/d

6.2.2.2. Caso 2: Lechos bacterianos de material plástico

DATOS DE DISEÑO:

Tratamiento secundario:

Los rendimientos exigidos al tratamiento primario fueron de:

S.S. 55% de eliminación
DBO_5 35% de eliminación

Con lo anterior, los datos de dimensionado del tratamiento secundario serán:

Caudales	**Situación actual**	**Datos de diseño**
Caudal medio (m^3/h)	158,5	256
Caudal punta (m^3/h) (Q_{med} x 1,75)	277	448
Caudal máximo (m^3/h) (Q_{med} x 1,8)	285,3	460,8

Cargas	**Situación actual**	**Datos de diseño**
Kg DBO_5/d	527,5	946,08
Kg. S.S.V /d	490	878
Kg. S.S.T /d	612	1.098
Kg. DQO/d	1.077	1.824
Kg. N-NTK/d	186	334

CALCULOS:

El rendimiento del proceso biológico debe ser:

$$\frac{153{,}9-20}{153{,}9}=87\ \%$$

1. Constante de tratabilidad de la DBO

Como no se dispone de datos de ensayos reales en planta piloto (que es lo recomendable por este tipo de diseños), adoptaremos un valor de la tabla II.6.2.6.

Suponemos que se trata de aguas de origen predominantemente doméstico:

adoptamos el valor: $k_{20} = 0{,}145\left(\frac{(l/s)^{0,5}}{m^2}\right)$

a) Corrección de la constante de tratabilidad para tener en cuenta los efectos de la temperatura:

La temperatura en nuestro ejemplo era T=15 °C

$$k_{15} = k_{20} \cdot 1{,}035^{(T-20)} = 0{,}145 \cdot 1{,}035^{(15-20)} = 0{,}122$$

Corrección de la constante de tratabilidad por tener en cuenta la diferencia de profundidad entre el lecho de ensayo y el lecho real.

$$k_{15/2} = k_{15/1} \cdot \left(\frac{D_1}{D_2}\right)^x$$

x = 0,3 al ser material plástico.
D_1 = 6 m, pues son los tamaños para los que está calculada la tabla II.6.2.6.
D_2 = Es la altura real de los filtros que se pretende construir. Aunque podríamos mantener la altura de 6 m, a efectos didácticos, adoptaremos una altura de 7,5 m.

$$k_{15/2} = 0{,}122 \cdot \left(\frac{6}{7{,}5}\right)^{0{,}3} = 0{,}114\left(\frac{(l/s)^{0{,}5}}{m^2}\right)$$

2. Cálculo de la superficie necesaria

Para calcular la superficie necesaria utilizamos la fórmula general de Germain y Schultz:

$$\frac{S_e}{S_i} = e^{\left(\frac{-k_{20} \cdot D}{Q_v{}^n}\right)}$$

donde:

S_e = DBO_5 total del efluente del lecho bacteriano sedimentado (mg/l)
S_i = DBO_5 total del agua residual aplicada al lecho bacteriano (mg/l)
k_{20} = constante de tratabilidad correspondiente a la profundidad media del lecho bacteriano (D) a la temperatura de 20 °C, las unidades varían en función del valor del exponente n.
D = profundidad del lecho bacteriano (m)
n = constante experimental, normalmente n = 0,5
Q_v = caudal volumétrico aplicado por unidad del área del lecho bacteriano = Q/ A (l/s m^2), siendo;
Q = caudal aplicado al lecho bacteriano sin recirculación (l/s)
A = área transversal del lecho bacteriano (m^2)

Sustituimos en la ecuación general el valor de Q_v por el de Q/A

$$\frac{S_e}{S_i} = e^{\left(-k_{20} \cdot D \cdot \left(\frac{A}{Q}\right)^n\right)}$$

Despejando determinamos la superficie necesaria de lecho:

$$A = Q \cdot \left[\frac{-\ln\left(\frac{S_e}{S_i}\right)}{k_{20} \cdot D} \right]^{1/n}$$

Al igual que en el ejemplo anterior, el primer punto a determinar es si es suficiente colocar un único lecho bacteriano o bien si es necesario colocar dos unidades en serie:

Hipótesis 1: Calculo con un único lecho bacteriano.

Sustituimos los valores conocidos:

S_e = 20 mg/l
S_i = 153,9 mg/l
k_{20} (corregido) = 0,114 $(l/s)^{0,5}$ / m^2
D = 7,5 m
n = 0,5
Q = 460,8 · 1.000/3.600 = 128 l/s

$$A = 128 \cdot \left[\frac{-\ln\left(\frac{20}{153{,}9}\right)}{0{,}114 \cdot 7{,}5} \right]^2 = 729 \quad m^2$$

3. Dimensiones unitarias:

Adoptamos 2 unidades de $A_{unit} = \frac{729}{2} = 364{,}5 \ m^2$

Radio = 10,8 m
Volumen unitario: $V_{unit} = h \cdot A_{unit}$ = 7,5 · 364,5 = 2.733,75 m^3

4. Comprobación de carga orgánica:

$$C\ orgánica = \frac{kg\ DBO_5 / d}{m^3\ lecho} = \frac{946{,}08}{2 \cdot 2.733{,}75} = 0{,}173 \quad kg\ DBO_5 / m^3 \cdot d$$

5. Comprobación de carga hidráulica:

$$C_H = \frac{Caudal\,aplicado}{Superficie\,lecho} = \frac{460{,}8}{2 \cdot 364{,}5} = 0{,}632\,m^3/m^2 \cdot h$$

esta carga hidráulica es inferior al valor recomendado en las tablas, por lo que para aumentarlo será necesario recircular agua

6. Recirculación

En los casos de materiales sintéticos, la recirculación tiene como único objetivo mantener el grado de mojado necesario. El efecto, sin embargo, sobre el grado de tratamiento es negativo, es decir, conforme aumenta la relación de recirculación se reduce el nivel de tratamiento. Así, en nuestro caso concreto, tenemos:

Fracción de DBO eliminada:

$$1 - \frac{Se}{Si} = 1 - \frac{20}{153{,}9} = 0{,}87$$

Para ver cómo se modifica este rendimiento según aumenta la recirculación, partimos de la fórmula general de cálculo, incluyendo al factor α (relación de recirculación).

$$\frac{S_e}{S_i} = e^{\left(-k_{20} \cdot D \cdot \left(\frac{A}{(1+\alpha)\cdot Q}\right)^n\right)}$$

Sustituyendo los valores calculados:

$$\frac{S_e}{S_i} = e^{\left(-0{,}114 \cdot 7{,}5 \cdot \left(\frac{729}{(1+\alpha)\cdot 128}\right)^{0{,}5}\right)}$$

Si damos valores al parámetro α, podemos obtener la siguiente tabla de rendimientos y carga hidráulica.

α	$1 - \frac{Se}{Si}$	C_H
0	0,870	0,632
1	0,763	1,264
2	0,692	1,896
3	0,639	2,528
4	0,598	3,160

Vemos, por tanto, que en nuestro caso, por razones de carga hidráulica, es necesario recircular un 100%.

En este caso, el rendimiento global obtenido es del 76,3%, insuficiente para las exigencias del vertido, siendo por tanto necesario ir a un sistema de doble etapa:

Hipótesis 2: lechos bacterianos en doble etapa

Adoptamos un sistema de doble etapa según la primera de las posibilidades ilustradas en la figura II.6.2.2.

PRIMERA ETAPA

1. Constante de tratabilidad (ya calculada)
2. Cálculo de la superficie necesaria

Dimensionamos entonces la primera etapa con los siguientes valores, similares a los del caso estudiado para materiales pétreos:

$$\frac{153{,}9 - Se}{153{,}9} = 0{,}68$$

$$Se = 49{,}25\ mg\,/\,l$$

Adoptamos como altura del lecho la máxima permitida por la tabla II.6.2.5. para el caso de doble etapa:

Altura del lecho: 5 m
k_{20} (corregido) = 0,129 $(l/s)^{0,5}$ / m^2
n = 0,5

Puesto que como puede observarse la carga orgánica influente al lecho es pequeña, con objeto de cumplir los parámetros recomendados de carga orgánica, necesitamos que el volumen del lecho sea lo menor posible, por lo que seleccionaremos un factor de recirculación α=0,5.

$$Q = (1+\alpha)\cdot 128\frac{l}{s} = 192\frac{l}{s}$$

$$A = 192\cdot\left[\frac{-\ln\left(\dfrac{49{,}25}{153{,}9}\right)}{0{,}129\cdot 5}\right]^2 = 600{,}45\ \ m^2$$

3. Dimensiones unitarias

Adoptamos 2 unidades de $A_{unit} = \frac{600{,}45}{2} = 300$ m^2

Radio = 9,78 m
Altura = 5 m
Volumen unitario $V_{unit} = D \cdot A_{unit} = 5 \cdot 300 = 1.500$ m^3

4. Comprobación de carga volúmica

$$Carga\ volumica\ = \frac{kg.\ DBO_5\ /\ d}{m^3\ lecho} = \frac{(946{,}08 + 272{,}3)}{2 \cdot 1500} = 0{,}41\ \frac{kg.DBO_5}{m^3\ d}$$

Válido según tabla II.6.2.3.

5. Comprobación de carga hidráulica

$$C_H = \frac{Caudal\ aplicado}{Superficie\ lecho} = \frac{691}{600} = 1{,}15\, m^3\ /\ m^2 \cdot h$$

Válido según tabla II.6.2.1.

SEGUNDA ETAPA

6. Cálculo del rendimiento de la segunda etapa

El rendimiento a obtener en esta segunda etapa será:

$0{,}87 = E_1 + E_2\ (1 - E_1)$
$0{,}87 = 0{,}68 + E_2\ (1 - 0{,}68)$
$E_2 = 0{,}59$

Al igual que se ha explicado en el apartado de lecho de material pétreo, con objeto de reducir los costes de construcción y facilitar la instalación y mantenimiento de los equipos habituales, se suelen adoptar lechos del mismo tamaño en ambas etapas.

Es decir, en nuestro caso mantendremos la superficie y radios unitarios, recalculando la altura:

Nº de unidades: 2
Superficie unitaria: 300 m^2
Radio: 9,78 m

Al variar la altura es necesario volver a calcular los factores correctores.

7. Corrección de la constante de tratabilidad

$$k_{15/2} = k_{15/1} \cdot \left(\frac{6}{D'_2} \right)^{0,3} = 0{,}122 \cdot \left(\frac{6}{D'_2} \right)^{0,3}$$

8. Cálculo de la superficie necesaria en la segunda etapa

Aplicamos la ecuación general

$$\frac{S_e}{S_i} = e^{\left(-k_{20} \cdot D \cdot \left(\frac{A}{Q} \right)^n \right)}$$

Sustituyendo los valores conocidos:

Se = 20 mg/l
Si = 49,25 mg/l

$$k_{20} = 0{,}122 \cdot \left(\frac{6}{D'_2} \right)^{0,3}$$

D = D'_2 que es la altura que queremos obtener
n = 0,5
Q = 256 l/s (coeficiente de recirculación $\alpha = 1$)
A = 600 m^2 (para igualar dimensiones con la Etapa 1)

$$\frac{20}{49{,}25} = e^{\left(-0{,}122 \cdot \left(\frac{6}{D'_2} \right)^{0,3} \cdot D'_2 \cdot \left(\frac{600}{256} \right)^{0,5} \right)}$$

despejando:

$$D'_2 \geq 1{,}16 \text{ m}$$

Adoptamos: D'_2 = 1,5 m según la tabla II.6.2.5.

9. Dimensiones unitarias de los lechos de la segunda etapa

Adoptamos 2 unidades de $A_{unit} = \frac{600}{2} = 300 \text{ m}^2$

Radio = 9,78 m
Altura = 1,5 m
Volumen unitario = $V_{unit} = D \cdot A_{unit} = 1{,}5 \cdot 300 = 450$ m^3

10. Comprobación de carga orgánica para la segunda etapa

Carga orgánica influente a la 2ª etapa:

$$49{,}25 \frac{mg}{l} \cdot 128 \frac{l}{s} \cdot \frac{3.600 \cdot 24}{1.000.000} = 544{,}66 \frac{kg}{d}$$

Carga orgánica recirculada desde el decantador secundario:

$$20 \frac{mg}{l} \cdot 128 \frac{l}{s} \cdot \frac{3.600 \cdot 24}{1.000.000} = 221{,}18 \frac{kg}{d}$$

$$C\ orgánica = \frac{kg\ DBO_5 / d}{m^3\ lecho} = \frac{544{,}6 + 221{,}2}{2 \cdot 450} = 0{,}85 \quad kg\ DBO_5 / m^3 \cdot d$$

11. Comprobación de carga hidráulica para la segunda etapa

$$C_H = \frac{Caudal\ aplicado}{Superficie\ lecho} = \frac{921{,}6}{600} = 1{,}54 \frac{m^3}{m^2 \cdot h}$$

Válida según los valores de la tabla II.6.2.1.

12. Decantación secundaria

Los decantadores intermedios y finales se dimensionan exactamente igual que lo explicado en el caso práctico de dimensionamiento para los lechos de piedra, considerando los caudales adecuados según las nuevas recirculaciones.

13. Producción de fangos

Nos remitimos a lo expuesto en el caso práctico de dimensionamiento para lechos de piedra.

6.3. Contactores biológicos rotativos (C.B.R.)

6.3.1. Conceptos teóricos

6.3.1.1 Concepto general

Los contactores biológicos rotativos (C.B.R.) comúnmente conocidos como biodiscos y/o biocilindros se integran dentro de los procesos biológicos, de película fija, como los lechos bacterianos.

El proceso es válido como elemento reductor de la materia orgánica, como elemento de nitrificación y elemento de desnitrificación. Su funcionamiento puede deducirse a partir de la figura II.6.3.1. Los elementos soporte, integrantes de los biodiscos o biocilindros, se sumergen parcialmente (40%), en las aguas residuales a tratar, contenidas en depósitos por los cuales fluyen las aguas y, girando a baja velocidad, exponen, alternativamente al aire y al agua a tratar, dichos elementos soporte que integran el equipo. Mediante este proceso, se consigue el desarrollo sobre sus superficies.

Cuando, por la rotación, una sección de los tambores sale del agua, arrastra consigo parte del agua misma que, goteando, forma una fina película líquida y, por lo tanto, con una elevadísima posibilidad de contacto y de intercambio con el oxígeno atmosférico. El crecimiento biológico aumenta hasta alcanzar un espesor de 0,2 a 5,0 mm.

Los biodiscos y biocilindros se diferencian de los lechos bacterianos en que el soporte en estos últimos normalmente está fijo. A su vez, entre ellos existen diferencias. En los biodiscos, los elementos soporte del biofilm, están fijos, guardando distancias fijas entre los discos. En los biocilindros, el tambor está constituido por un elemento como contenedor de elementos sueltos.

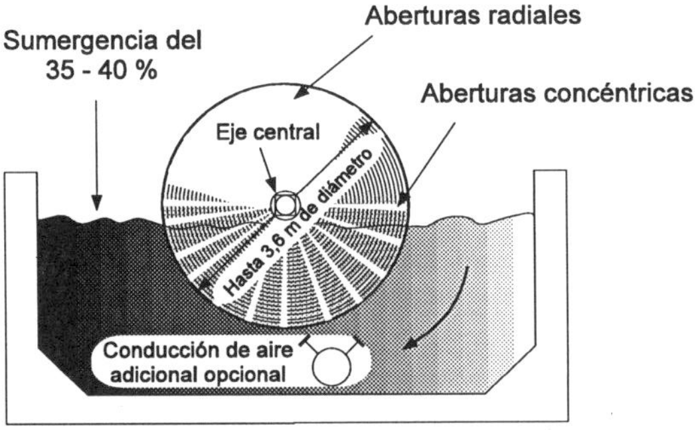

Fig. II.6.3.1. *Esquema de un biodisco o un biocilindro*

6.3.1.2 Instalaciones físicas

El diseño de casi todos los elementos de los equipos asociados a los sistemas de contactores biológicos rotativos es diferente para cada fabricante, si bien se pueden dar los siguientes criterios generales:

Ejes. Los ejes de los biodiscos se utilizan como soporte del medio y para su rotación. La longitud máxima de los ejes está actualmente limitada a 8,23 m de los que un máximo de 7,62 están ocupados por el medio. También se puede disponer de ejes más cortos, con longitudes variables entre 1,52 y 7,62 m. La geometría y detalles de diseño varían notablemente en función del fabricante.

Medio. El medio que se utiliza en los sistemas de biodisco se fabrica con polietileno de alta densidad, y se suministra con diferentes configuraciones o corrugados. El hecho de que el medio sea corrugado aumenta la superficie disponible y favorece su estabilidad estructural. Los tipos de medio se clasifican en función de la superficie de medio por eje y suelen ser en medios de baja densidad (o densidad standard), de densidad media y de alta densidad. Los medios de baja densidad, con una superficie aprox. de 1.000 m^2/m.l de eje, presentan mayor espaciamiento entre láminas, y se suelen emplear en las primeras etapas de la línea de tratamiento. Los medios de media o alta densidad tienen superficie variable entre 1.200 y 2.000 m^2 por metro lineal de eje y se suelen emplear en la etapas intermedias y finales del proceso de biodiscos, etapas en las que la película biológica es de menor grosor.

Mecanismos de transmisión. La mayoría de las unidades de biodiscos rotan por la acción directa sobre el eje central de mecanismos de transmisión mecánica. También es posible el empleo de aire como sistema motriz. Los sistemas con aire consisten en una serie de cangilones profundos de plástico dispuestos en el perímetro del medio, un conducto de aire situado debajo de aquél, y un compresor. La descarga de aire dentro del interior de los cubos crea una fuerza ascendente que impulsa el giro del eje. Ambos sistemas han demostrado ser mecánicamente fiables. Para regular la velocidad de rotación del eje, se pueden incorporar dispositivos de variación de la velocidad.

Volumen de los tanques. El volumen óptimo de los tanques en los que se instalan los biodiscos, se ha establecido en 0,0049 m^3/m^2 como valor medio. Basándose en este volumen, para una carga de 0,08 m^3/m^2.d se consigue un tiempo de retención de 1,44h. Un valor típico de la profundidad de agua es 1,50 m, el cual permite sumergir el 40% del medio.

Cerramientos. Normalmente, sobre cada uno de los ejes se dispone una cubierta de plástico reforzado con fibra de vidrio. Los C.B.R. se cubren para:

- Proteger el medio soporte de plástico de la radiación ultravioleta
- Proteger el proceso de bajas temperaturas
- Protección del medio y equipos contra daños
- Controlar la proliferación de algas

6.3.1.3. Configuraciones típicas de los sistemas de C.B.R.

En las figuras siguientes pueden verse las configuraciones más frecuentemente empleadas en el diseño de una instalación de C.B.R.:

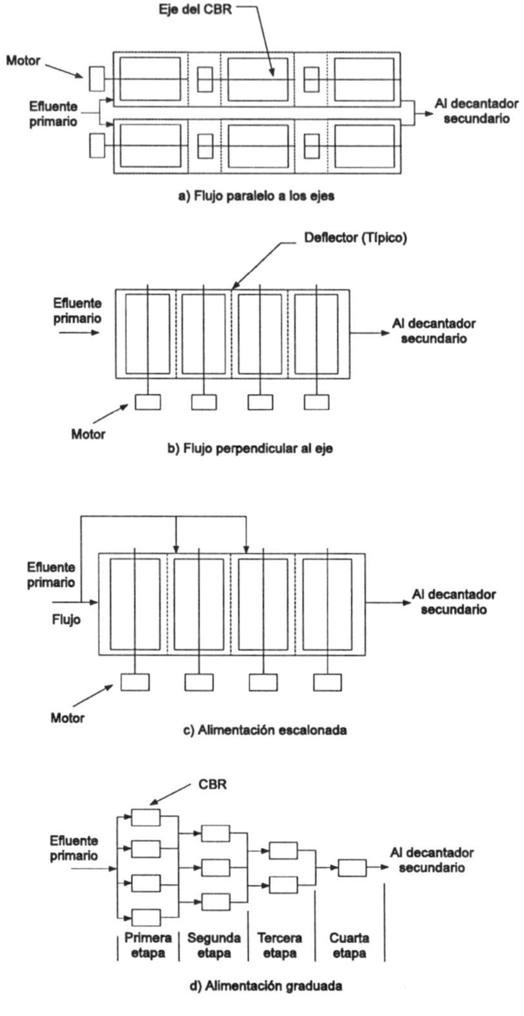

Fig. II.6.3.2. *Configuraciones típicas de los sistemas de C.B.R.*

6.3.1.4. Recomendaciones de diseño

A pesar de que se han desarrollado varios modelos teóricos que relacionan los rendimientos con las cargas aplicadas para una determinada planta a partir del análisis de datos del funcionamiento de la misma, la utilidad de estos modelos para predecir los rendimientos de otras plantas no está comprobada. Como consecuencia de ello, el proyecto de los sistemas de C.B.R. se basa, principalmente, en el uso de parámetros de diseño obtenidos en el análisis de los registros de explotación de numerosas plantas de C.B.R. existentes.

En el apartado 6.3.1.5. se presenta un modelo de diseño propuesto por el CEDEX en base a la experiencia española en varias plantas existentes. Independientemente de las bases teóricas de cálculo expuestas en dicho apartado, todo proyecto de C.B.R. deberá tener en cuenta las siguientes consideraciones:

1) Uno de los problemas que se ha presentado en las plantas de contactores Biológicos Rotativos es la sobrecarga en la primera etapa. Una carga orgánica excesiva en esta etapa puede provocar una oxigenación insuficiente, el desarrollo de una película biológica excesiva que provoque malos olores, bajo rendimiento del proceso, e incluso el colapso del eje. Por eso es conveniente estudiar la carga orgánica sobre la primera etapa. Análisis realizados por Francis L. Evans en Estados Unidos indican que las probabilidades de que aparezcan problemas por sobrecarga en la primera etapa son de un 50% cuando la carga es de 35,6 gr/m^2 d de DBO_5.

En este sentido, se debe evitar el uso de contactores de alta densidad (elevada superficie por unidad de volumen) en la primera etapa para prevenir posibles atascamientos, y los consecuentes malos olores y bajos rendimientos.

2) Si en el agua a tratar se presentan concentraciones elevadas de sulfhídrico es conveniente realizar una preaireación o precloración para reducir la demanda de oxígeno y prevenir el desarrollo de organismos sulforreductores.

3) En el dimensionamiento debe tenerse en cuenta que la nitrificación no se produce con concentraciones de DBO_5 solubles superiores a 15 mg/l, por lo que deberá reducirse la DBO_5 soluble hasta ese valor antes de la zona de nitrificación.

4) También debe tenerse en cuenta la separación entre discos en el diseño de acuerdo al espesor esperado en el desarrollo de la película biológica. En general, ese espesor alcanza unos cinco milímetros, aunque varía con la carga orgánica y la velocidad de rotación. El espesor de la película orgánica es una carga que debe considerarse en el dimensionamiento de los ejes y cojinetes. La situación más desfavorable en general resulta de suponer el vaciado súbito de la cuba con la película orgánica plenamente desarrollada.

5) Se debe prever un medio para remover el exceso de biofilm mediante aire, agua, aditivos químicos, control de velocidad o sentido de giro, etc.

6.3.1.5. Estructuración del cálculo de un C.B.R.

Para el dimensionamiento adoptaremos el método recomendado por el CEDEX avalado por la experiencia de algunas instalaciones que actualmente funcionan en España.

El dimensionamiento debe hacerse teniendo en cuenta la carga punta de contaminación que deba tratarse. A veces se colocan tanques de homogeneización o lagunas antes del proceso para laminar las puntas, con el objeto de reducir la superficie de contactores necesaria. En estos casos hay que tener especial cuidado, porque si se producen condiciones sépticas en el agua, también es necesario incrementar la superficie de los C.B.R. para absorber esta sobrecarga.

Partiendo de la ecuación de conservación del sustrato en condiciones de régimen:

$$Q \cdot S = Q \cdot S_O - R_C \cdot A$$

en la cual:

Q: caudal de diseño (m^3/d)
S_O: concentración del sustrato en la entrada (mg/l)
S: concentración del sustrato en la salida (mg/l)
R_C: sustrato específico consumido ($gr/m^2 \cdot d$)
A: superficie de los contactores rotativos (m^2)

Se obtienen las expresiones que permiten el dimensionamiento en cada caso.

A) Para la eliminación de DBO_5:

S_O: DBO_5 soluble a la entrada al C.B.R. ($SDBO_5$ -e)
S: DBO_5 soluble a la salida del decantador secundario ($SDBO_5$ -s)
T_C: factor de temperatura, que adopta los siguientes valores:
$T_C = 1{,}0537^{(12{,}7-T)}$ para T (°C) < 12,7 °C
$T_C = 1$ para T (°C) $\geq$ 12,7 °C
P: factor que tiene en cuenta el estado de aireación
P = 1 para aguas no tratadas o preaireadas
P = 1,5 para aguas tratadas anaeróbicamente (fosas sépticas, lagunas anaerobias)

La DBO_5 soluble debe obtenerse del análisis del agua a tratar. Para el diseño previo se puede estimar con la siguiente fórmula:

$$DBO_{5,soluble} = DBO_5 \text{ total} - K \cdot SS$$

en donde:

- En tratamiento de aguas sin decantación primaria:

  K = 0,5 cuando SS>DBO_5 total. Por ejemplo zonas rurales y residenciales
  K = 0,6 cuando SS<DBO_5 total. Caso típico de zonas urbanas con actividad comercial e industrial

- En tratamiento de efluentes primarios

  K = 0,6

- En tratamiento de efluentes secundarios

  K = 0,5

R_C se obtiene de la ecuación de Monod y para aguas residuales domésticas resulta:

$$R_C = \frac{19{,}4 \cdot S}{15{,}1 + S}$$

La superficie necesaria de contactores es:

$$A = \frac{Q \cdot (S_O - S)}{R_C} \cdot T_C \cdot P$$

La carga específica de la primera etapa no debe superar 24,4 gr/m^2 ·d y en la segunda etapa 12,4 gr/m^2 ·d.

La eliminación en la primera etapa se puede estimar en el 60% de DBO_5 soluble a la entrada al C.B.R.

B) Nitrificación

Si se quiere nitrificar el agua residual hay que añadir una superficie complementaria A_N para la nitrificación. Esta se puede calcular mediante la expresión:

$$A_N = \frac{Q \cdot (S_O - S)}{R_N} \cdot T_N$$

con S_0: materia orgánica amoniacal a la entrada del proceso, $NH_4^+{}_{,e}$ (mg/l)
S: materia orgánica amoniacal a la salida del decantador secundario, $NH_4^+{}_{,s}$.(mg/l)

El sustrato específico consumido en este caso es:

$$R_N = \frac{NH_4^+ e \cdot NH_4^+ s}{2 \cdot (NH_4^+ e + NH_4^+ s + 0{,}05 \cdot NH_4^+ e \cdot NH_4^+ s)}$$

T_N : factor de temperatura

$$T_N = \frac{0{,}7 \cdot T}{T - 4{,}13} \qquad \text{para T (°C)} < 12{,}7 \text{ °C}$$

$$T_N = 1 \qquad \text{para T (°C)} \geq 12{,}7 \text{ °C}$$

El proceso de nitrificación tiene su máximo rendimiento con concentraciones de DBO_5 soluble inferiores a 10 mg/l, y cargas específicas menores de 15 gr $DBO_{5,soluble}$ / m^3·d

La superficie total del C.B.R. en el caso del dimensionamiento con nitrificación es:

$$A_{tot} = A + A_N$$

Es conveniente que esta superficie se reparta en cuatro etapas. La reglamentación alemana, en la Norma A - 135 establece que para lograr rendimientos mayores del 85% en el tratamiento biológico deben disponerse tres etapas, y para rendimientos superiores al 90%, al menos cuatro etapas.

C) Desnitrificación

Para la desnitrificación se puede instalar un reactor anóxico con C.B.R. sumergidos antes de las etapas aerobias. Para el dimensionamiento de este reactor se usan las siguientes ecuaciones:

$$A_D = \frac{Q \cdot (S_O - S)}{R_C} \cdot T_P$$

con S_0: contenido de nitratos y nitritos del agua que entra al reactor, NO_3 e.
S: contenido de nitratos y nitritos del agua que sale del reactor, NO_3 s.

El agua nitrificada se debe recircular al reactor anóxico donde se mezcla con el agua bruta decantada. La carga específica sobre los contactores depende del caudal recirculado. La relación entre el caudal recirculado y el caudal afluente es:

$$r = \frac{Q_R}{Q}$$

El sustrato consumido es:

$$R_D = \frac{r \cdot 0{,}4}{(r+1)^2} \cdot (SDBO_5 e - 2{,}4 \cdot E \cdot NO_3 e + r \cdot SDBO_5 s)$$

donde:

$$\mathrm{E} = \frac{(\mathrm{NO_3e} - \mathrm{NO_3s})}{\mathrm{NO_3\,e}}$$

La influencia de la temperatura se tiene en cuenta con el valor T_D:

$$\mathrm{T_D} = 1{,}06^{(15-\mathrm{T})}$$

El rendimiento máximo de desnitrificación esperable es de 110 mg/m^2 h de NO_3 eliminado a 15 °C de temperatura.

6.3.1.6. Producción de fangos

La producción de fango del proceso es algo menor que en los sistemas de fangos activos. Se pueden calcular mediante el siguiente gráfico.

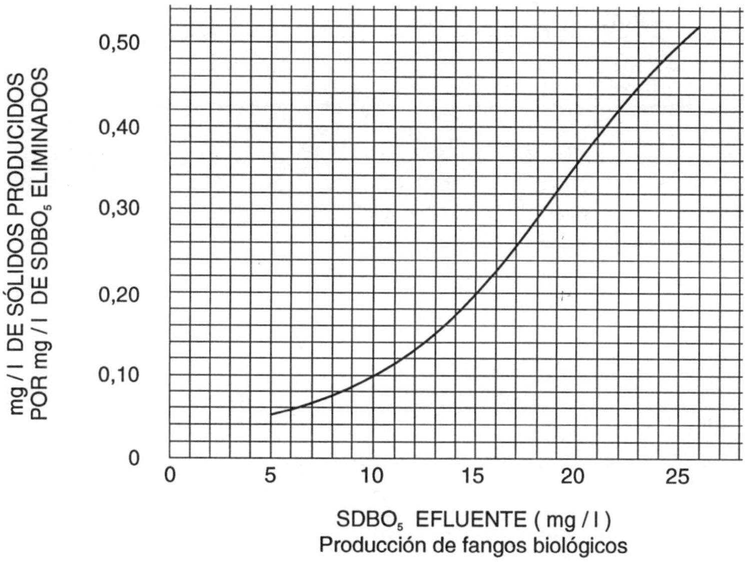

Fig. II.6.3.3. *Producción de fangos biológicos*

A los fangos obtenidos en esta figura hay que agregar los S.S. que entran al proceso biológico. Los sólidos producidos son en un 70-80% volátiles.

6.3.1.7. Decantación secundaria

La función de los decantadores secundarios en un sistema de tratamiento biológico con C.B.R. es, al igual que en los lechos bacterianos, la producción de un efluente clarificado, caracterizándose tambien el proceso por la ausencia de recirculación de fangos. Todo el fango extraído de los decantadores secundarios, se conduce a las instalaciones de tratamiento de fango, bien directamente o bien a través de la decantación primaria.

En la tabla siguiente se indican los valores de diseño recomendados para este tipo de instalaciones.

Tabla II.6.3.1.: *Valores de diseño recomendados para decantadores secundarios en un proceso de lechos bacterianos*

	Valores recomendados	
Parámetro	**Qmed**	**Qmax**
Velocidad ascensional ($m^3/m^2 \cdot h$)	0,7 – 1,3	1,7 – 2,0
Carga de sólidos ($Kg/m^2 \cdot h$)	3,9 – 5,8	$\leq$ 9,7
Tiempo de retención (h)	2,5	1,5
Carga sobre vertedero ($m^3/h \cdot ml$)	$\leq$ 8,5	$\leq$ 15

En cuanto a la altura recta sobre vertedero (profundidad del agua medida en los muros perimetrales en los decantadores circulares, y en el muro de salida del efluente en los decantadores rectangulares), se recomiendan los siguientes valores:

$$2{,}2 \leq h \leq 3{,}5 \ \text{m}$$

6.3.2. Caso práctico de dimensionamiento

DATOS DE DISEÑO:

Caudales	**Situación actual**	**Datos de diseño**
Caudal medio (m^3/h)	158,5	256
Caudal punta (m^3/h) (Q_{med} x 1,75)	277	448
Caudal máximo (m^3/h) (Q_{med} x 1,8)	285,3	460,8

Cargas	**Situación actual**	**Datos de diseño**
Kg DBO_5/d	527,5	946,08
Kg. S.S.V /d	490	878
Kg. S.S.T /d	612	1.098
Kg. DQO/d	1.077	1.824
Kg. N-NTK/d	186	334

CALCULOS:

1) Cálculo la DBO_5 soluble a la entrada del C.B.R.

S_0 = DBO soluble (e) = DBO_5 total - K · S.S.

Como se trata de una línea de proceso con decantación primaria, el valor de K será:

$$K = 0{,}6$$

$$S_0 = 946{,}08 - 0{,}6 \cdot 1.098 = 287{,}28 \text{ kg/d} = 46{,}74 \text{ mg/l}$$

2) Cálculo de la DBO_5 soluble a la salida del CBR

$$S = DBO\ soluble\ (s) = DBO_5\ total - K \cdot S.S.$$

En este caso como se trata de un tratamiento secundario el valor de K será:

$$K = 0,5$$

$$S = 122,88 - 0,5 \cdot 122,88 = 61,44\ kg/d = 10\ mg/l$$

NOTA: Vemos que este valor es ligeramente superior a los calculados en el apartado 6.1. pero mantendremos este valor de 10 mg/l que entra dentro de los límites expuestos (30-50%) para seguir estrictamente las recomendaciones del método propuesto por el CEDEX.

3) Cálculo del sustrato específico consumido R_C (gr/m^2 d)

$$R_C = \frac{19,4 \cdot S}{15,1 + S} = \frac{19,4 \cdot 10}{15,1 + 10} = 7,729\ gr/m^2\ d$$

4) Cálculo de la superficie necesaria:

$$A = \frac{Q \cdot (S_0 - S) \cdot T_C \cdot P}{R_C}$$

A : superficie rotores en m^2
Q : caudal de proyecto (m^3/d)
S : concentración sustrato salida (mg/l)
S_0 : concentración sustrato entrada (mg/l)
T_C : coeficiente de temperatura
P : coeficiente f (estado aireación)

- Factor de corrección de la temperatura T_C:

  Como hemos supuesto una temperatura T = 15 °C

$$T_C = 1,0537^{(12,7-T)} = 1,0537^{(12,7-15)} = 0,886$$

- Factor de corrección del grado de preaireación P:

  Como se trata de aguas no pretratadas anaeróbicamente P = 1

  La superficie necesaria será por tanto:

$$Q_{maxdiseño} = 460,8 \cdot 24 = 11.059\ m^3/d$$

$$A = \frac{11.059 \cdot (46,74 - 10)}{7,729} \cdot 0,886 \cdot 1 = 46.576\ m^2$$

Vemos que se trata de una superficie excesiva por lo que dividimos el tratamiento en varias etapas.

Adoptamos un esquema de funcionamiento según el expuesto en la figura II.6.3.2., caso b).

5) Verificación de la carga específica en las diferentes etapas

El rendimiento global esperable del tratamiento secundario será:

$$\eta = \frac{154-10}{154} = 93{,}5\%$$

Supondremos que el 60% corresponde a la primera etapa y el restante 33,5% a la segunda etapa.

Las cargas máximas recomendadas son:

1ª etapa	24,4 gr/m^2 d
2ª etapa	12,2 gr/m^2 d

Por tanto las áreas son:

1ª etapa: $$A_1 = \frac{11.059 \cdot 46{,}74 \cdot 0{,}6}{24{,}4} \cdot 0{,}886 \cdot 1 = 11.262 \text{ m}^2$$

2ª etapa: $$A_2 = \frac{11.059 \cdot 46{,}74 \cdot 0{,}335}{12{,}2} \cdot 0{,}886 \cdot 1 = 12.575 \text{ m}^2$$

6) Producción de fangos

Entrando en la gráfica de la figura II.6.3.3 con un valor de la DBO_5 soluble en el efluente de 10 mg/l, obtenemos:

$$P'x = 0{,}1 \frac{Kg.SST}{Kg.DBO_5 \text{ soluble eliminada}}$$

$$P'_x = 0{,}1 \frac{(154-10) \cdot 256 \cdot 24}{1000} = 88{,}47 \frac{Kg.\ SST}{d}$$

Sumando a esta producción los sólidos influentes, obtenemos el valor de los fangos en exceso:

$$P_x(SST) = P_x' + S.S._{\text{influentes al biológico}} = 88{,}47 + 1.098 = 1.186{,}5 \text{ } Kg\ SST/d$$

$$P_x(SSV) = 0{,}8 \cdot P_x(SST) = 0{,}8 \cdot 1.186{,}5 = 949{,}2 \text{ } Kg\ SSV/d$$

6.4. Biofiltros

6.4.1. Conceptos teóricos

6.4.1.1. Descripción del sistema

Los biofiltros o filtros biológicos inundados difieren de los lechos bacterianos, en que funcionan con medios filtrantes sumergidos, empleándose un lecho de silicato u otro material adecuado y una aireación forzada. La gran superficie especifica y la estructura porosa del medio soporte permiten el crecimiento de una gran concentración de microorganismos, muy superior a la que se consigue en un sistema convencional de cultivo en suspensión.

Existen dos tipos de filtros inundados:

a) *De flujos agua a tratar y aire en la misma dirección, bien ascendente o descendente*

En la figura siguiente, se muestra un esquema de un filtro inundado con los flujos agua a tratar y aire en dirección ascendente.

En este tipo de filtros el agua residual después de una decantación primaria se introduce por la parte inferior del lecho y después de atravesarle sale por la parte superior. El aire se distribuye mediante difusores en la parte inferior y tiene también un flujo ascendente.

A medida que el tratamiento se desarrolla, la pérdida de carga del filtro se incrementa debido al crecimiento de la biomasa y a la colmatación del medio filtrante. Cuando esta pérdida de carga alcanza un nivel predeterminado los filtros se lavan automáticamente. El ciclo de lavado comprende un barrido con aire y efluente limpio.

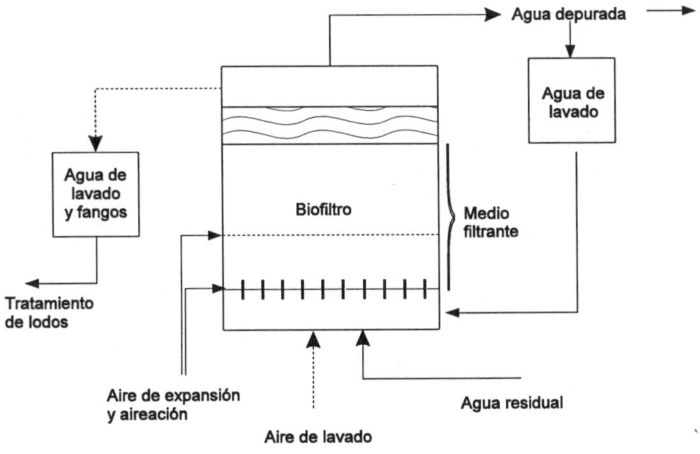

Fig. II.6.4.1. *Biofiltro con flujo de agua y aire en la misma dirección*

b) De flujos agua a tratar/aire a contracorriente

En este tipo de filtros el aire se distribuye también mediante difusores en la parte inferior y tiene un flujo ascendente, pero el agua residual se introduce por la parte superior del lecho y después de atravesarle sale por la parte inferior.

En la figura siguiente, se muestra un esquema de un filtro inundado con los flujos agua a tratar/aire a contracorriente

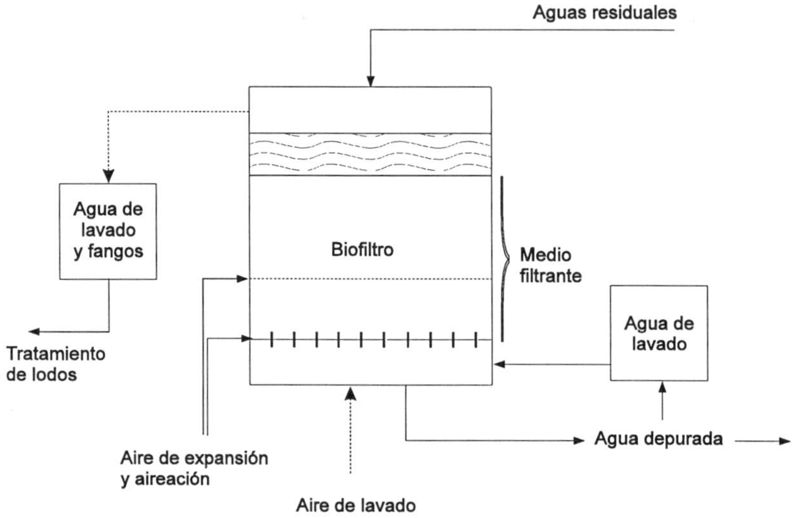

Fig. II.6.4.2. *Biofiltro con flujo de agua y aire en sentidos contrarios*

Este tipo de instalaciones permiten realizar dos operaciones complementarias:

- La depuración biológica de las materias carbonadas y nitrogenadas
- La retención (afino) de los sólidos en suspensión.

Sus rendimientos son elevados 70-90% de eliminación de DBO_5, siempre que las aguas a tratar no estén muy cargadas (las concentraciones de DBO y S.S. no deben ser superiores a 300 mg/l y 150 mg/l respectivamente).

Otras ventajas de este tipo de instalaciones son:

- Escasa superficie de implantación (debido fundamentalmente a la supresión de la decantación secundaria)
- Posibilidad de realizar instalaciones cubiertas.
- Puesta en marcha rápida
- Fácil automatización

6.4.1.2. Parámetros de diseño

A) Velocidad de filtración (V_F)

Se expresa en m^3 de agua aplicada por m^2 de superficie del biofiltro.

La velocidad de filtración dependerá de las características del influente y del objetivo a conseguir (Nitrificación, Desnitrificación, etc.). Según esto, en la literatura se observarán valores en el rango de 1 - 10 m/h. En las tablas siguientes se dan los valores recomendados para los diferentes sistemas existentes en el mercado.

Tabla II.6.4.1.: *Valores de diseño recomendados para la velocidad de filtración*

		Elim Mat. Orgánica carbonosa	**Con nitrificación**	**Con desnitrificación**
Sistema	**T (°C)**	**V_F (m/h)**	**V_F (m/h)**	**V_F (m/h)**
Biocarbone	15 10	2,3-2,0	2,0-4,0 3,0-4,0	$\leq$ 10
Biofor	15 10		1,5-3,0 1,0-1,5	-- --
Biostyr	15 10	1,24-0,83	1,0-2,0 1,25-10	1,25 --
WABAG	--		$\leq$ 15	$\leq$ 15

B) Material de relleno

Estos materiales juegan un doble papel, servir de soporte a los microorganismos y posibilitar su filtración.

Los tamaños efectivos de los diferentes materiales empleados oscilan entre 1 y 4 mm.

La masa volumétrica suele oscilar entre 1,2 y 1,8 gr/cm^3.

C) Carga volúmica o carga orgánica

Este parámetro indica los Kg. de DQO por m^3 de material filtrante.

Los valores recomendados pueden obtenerse de la tabla siguiente:

Tabla II.6.4.2.: *Valores de diseño recomendados para la carga volúmica*

		Elim Mat. Orgánica carbonosa	**Con nitrificación**	**Con desnitrificación**
Sistema	**T (°C)**	**Cv (kg. DQO/m³ d)**	**Cv (kg. DQO/m³ d)**	**Cv (kg. DQO/m³ d)**
Biocarbone	15 10	6,0 - 9,0	0,4 - 0,6 0,6 - 0,8	-- 0,5
Biofor	15 10		0,5 - 0,9 0,8 -1,20	-- 2,0 - 2,4
Biostyr	15 10	3,1 – 6,9	0,9 0,62 - 1,0	1,0 --
WABAG	--		1,20	2,40

D) Producción de fangos

Es superior a la que se produce en el proceso de fangos activados. La concentración de las aguas de lavado oscila entre 2 – 3 Kg SST/m^3

E) Aireación

Se puede realizar con aire comprimido o con oxígeno puro.

Los parámetros de diseño recomendados por el CEDEX son:

- Caudal de aire a insuflar: 4 – 15 Nm^3/m^2·h
- Capacidad de oxigenación: 0,3 – 0,9 Kg O_2/m^2·h
- Rendimiento transferencia O_2: 20%
- Pot. energética de aireación para el proceso: 0,75 kWh/kg DBO_5 elim.
- Pot. energética de aireación para lavado: 0,10 kWh/kg DBO_5 elim.

6.4.1.3. Estructuración del cálculo de un biofiltro

1) Cálculo del volumen necesario

La determinación del volumen necesario se hace a partir de los valores recomendados para la carga volúmica.

En este sentido, es importante señalar que puesto que los biofiltros tienen tiempos de retención muy inferiores a los que podemos encontrar en un proceso de Fangos Activos, la capacidad de regulación del sistema es mucho menor por lo que se recomienda tomar como carga de diseño la carga máxima (Ej. Carga punta 2 horas).

El volumen vendrá dado entonces por la ecuación:

$$V = \frac{[kg.DQO/h]_{max}}{C_v}$$

Las cargas volúmicas dependerán de la concentración del agua, de la temperatura, del proceso de filtración seleccionado, del material soporte y del objetivo a conseguir (nitrificación, desnitrificación, etc.).

2) Determinación de la superficie necesaria

La determinación de la superficie necesaria se hace a partir de los valores recomendados para la velocidad de filtración.

Si el sistema trabaja con una nitrificación o desnitrificación previa, es necesario tener en cuenta en el cálculo el caudal de recirculación (que puede ser 3 ó 4 veces superior a Qmed).

En el caudal de diseño también debe tenerse en cuenta el caudal proveniente del lavado de los filtros que puede ser introducido en el reactor biológico repartido en una cierta cantidad de horas (Ej. 12 horas al día).

La superficie se calculará entonces según:

$$S_H = \frac{\text{Caudal diseño}}{\text{Veloc. filtracion}}$$

3) Altura del biofiltro

Normalmente se calculará como el cociente entre el volumen y la superficie necesarias.

Su valor deberá estar entre 2 y 4 m.

4) Cálculo del oxígeno necesario

Las necesidades teóricas de oxígeno se calculan mediante la expresión general:

$$O.N.\left(\frac{kg.O_2}{m^3 \cdot d}\right) = C_V \cdot \left(\frac{kg.DBO_5}{m^3 \cdot d}\right) \cdot O.N._{ESP}$$

Siendo $O.N._{ESP}$ el consumo específico de la reacción según el tipo de tratamiento, es decir:

a) Para la eliminación de la materia carbonosa

$$O.N._C = 1{,}6 \cdot \frac{kg.O_2}{kg.DBO_5 / d}$$

b) Para la nitrificación:

$$O.N._N = 4{,}6 \cdot N_N \cdot \frac{kg.O_2}{kg.DBO_5 / d}$$

Siendo N_N la carga diaria de nitrógeno a nitrificar (ver capítulo II.7)

c) Para la desnitrificación:

$$O.N._{N/D} = (4{,}6 \cdot N.NO_{3,efluente} + 1{,}7 \cdot N.NO_{3,desnitrificado}) \frac{kg.O_2}{kg.DBO_5 / d}$$

Nos remitimos al cap. II.7 para el cálculo de los valores de $N\text{-}NO_{3\text{ , efluente}}$ y $N\text{-}NO_{3\text{, desnitrificado}}$.

6.4.2. Caso práctico de dimensionamiento

DATOS DE DISEÑO:

Los datos de dimensionamiento del tratamiento secundario son:

Caudales	**Situación actual**	**Datos de diseño**
Caudal medio (m^3/h)	158,5	256
Caudal punta (m^3/h) (Q_{med} x 1,75)	277	448
Caudal máximo (m^3/h) (Q_{med} x 1,8)	285,3	460,8

Cargas	**Situación actual**	**Datos de diseño**
Kg DBO_5/d	527,5	946,08
Kg. S.S.V /d	490	878
Kg. S.S.T /d	612	1.098
Kg. DQO/d	1.077	1.824
Kg. N-NTK/d	186	334

1) Cálculo del volumen necesario

Carga orgánica de diseño:

$$\left(\frac{kg.DQO}{h}\right)_{punta} = \frac{1.824}{24} \cdot 2{,}0 = 152 \frac{kg.DQO}{h}$$

Adoptamos los siguientes criterios de diseño:

- Sistema comercial a emplear: Biostyr
- Grado de tratamiento: Eliminación materia carbonosa
- Temperatura de diseño: 15 °C

Seleccionamos de la tabla II.6.4.2. la carga volúmica de diseño.

$$C_V = 6 \frac{kg.DQO}{m^3 \cdot d}$$

El volumen necesario será entonces:

$$V_{BF} = C_V \cdot \left(\frac{kg.DQO}{h} \right)_{punta} = 6 \cdot 152 = 912\ m^3$$

2) Cálculo de la superficie necesaria

Caudal de diseño = 460,8 m^3/h

Velocidad de filtración = 1,0 m^3/m^2 h

Superficie de filtración: $S_F = \frac{460{,}8}{1{,}0} = 460{,}8\ m^2$

Esta superficie debemos incrementarla con el caudal procedente del lavado de los filtros y que es incorporado a la decantación primaria para la retirada de los fangos en exceso.

Adoptamos una velocidad de lavado de 2,5 $m^3/m^2 \cdot h$ con una duración del ciclo de 7 min y una velocidad de aclarado de 5 $m^3/m^2 \cdot h$ con una duración del ciclo de 8 min.

$$Q_{lavado} = (5 + 2{,}5) \cdot 5 + 6 = 4.320\ m^3/h$$

Considerando que el proceso de lavado tiene lugar una vez cada 24 horas y que la duración del ciclo completo es de 15 min:

$$Q_{lavado\ diario} = 4.320 \cdot \frac{15}{60} = 1.080 \frac{m^3}{d}$$

Este caudal no es incorporado de golpe al sistema sino que se va introduciendo de forma gradual a lo largo del día (suponemos que en 12 horas).

La incorporacion horaria será pues de:

$$Q_{lavado\ horario} = 1.080 \cdot \frac{1}{12} = 90 \frac{m^3}{h}$$

Luego la superficie real de filtración será:

$$S_F = \frac{460{,}8 + 90}{1{,}0} = 550{,}8\ m^2$$

3) Cálculo de la altura y dimensiones unitarias

$$h = \frac{Volumen}{Superficie} = \frac{912}{550{,}8} = 1{,}66\ m$$

Como este valor es inferior al mínimo recomendado en el apartado 6.4.1.3. adoptamos:

h = 2 m
Nuevo volumen: 2·550,8 = 1.101,6 m^3

Tomamos 3 unidades de:

- Volumen unitario: 380 m^3
- Superficie unitaria: 190 m^2
- Altura unitaria: 2 m

Comprobamos velocidades de filtración:

Con las 3 unidades funcionando: $V_F = \frac{460{,}8 + 90}{3 \cdot 190} = 0{,}96 \frac{m^3}{m^2 \cdot h}$

Con 2 unidades funcionando: $V_F = \frac{460{,}8 + 90}{2 \cdot 190} = 1{,}44 \frac{m^3}{m^2 \cdot h}$

4) Cálculo del oxígeno necesario

Para la eliminación de la materia carbonosa, el oxígeno teórico necesario será:

$$\text{O.N.}_c = 1{,}6 \frac{\text{kg.O}_2}{\text{kg.DBO}_5/\text{d}} = 1{,}6 \cdot 946{,}08 = 1.513{,}7 \frac{\text{kg.O}_2}{\text{d}}$$

Adoptando según el CEDEX un rendimiento en la transferencia del 20%, el oxígeno a suministrar en condiciones reales será:

$$\text{O.N.}_{real} = \frac{1.513{,}7}{0{,}2} = 7.568{,}7 \frac{\text{kg.O}_2}{\text{d}}$$

Que se corresponde con una capacidad de oxigenación de 0,46 kg.O_2/m^2·h

5) Cálculo de la producción de fangos

Adoptamos según el CEDEX una concentración de las aguas de lavado de 2,0 kg SST/m^3

$$P_X(SST) = 2{,}0 \cdot 1.080 = 2.160 \frac{kg.SST}{d}$$

$$P_X(SSV) = 0{,}8 \cdot P_X(SST) = 1.728 \frac{kg.SSV}{d}$$

7. NITRIFICACIÓN-DESNITRIFICACIÓN

7.1. Conceptos teóricos

7.1.1. Justificación de la eliminación del nitrógeno del agua residual

Las plantas de tratamiento de aguas residuales convencionales han estado enfocadas tradicionalmente a la eliminación de la materia en suspensión y de la materia orgánica carbonosa (DBO), prestando nula atención a los compuestos de nitrógeno y fósforo.

Sin embargo la presencia de nitrógeno en las aguas residuales es perjudicial para los cauces receptores por los siguientes motivos:

1) Los compuestos de nitrógeno en forma orgánica o como amoniaco producen un consumo de oxígeno que puede llegar a reducir la presencia de oxígeno disuelto en los ríos por debajo de los valores necesarios para la existencia de los peces.

2) Los nitritos y el amoniaco son altamente tóxicos para los peces

   La solución para estos dos problemas es la oxidación de los compuestos nitrogenados orgánicos y del amoniaco (nitrificación).

3) El nitrógeno junto con el fósforo, es un factor de eutrofización.

   La solución en este caso es la eliminación del nitrógeno del agua residual (desnitrificación).

7.1.2. Los compuestos de nitrógeno en el agua residual

El origen principal del nitrógeno en el agua residual urbana son las proteínas ingeridas por las personas en su alimentación, las cuales llegan al agua fundamentalmente como urea [$CO\ (NH_2)_2$].

En las redes de alcantarillado la urea se transforma rápidamente a amonio y los compuestos de nitrógeno orgánico son hidrolizados por bacterias y por tanto convertidas también en amonio.

Por este motivo, la mayoría del nitrógeno influente a una estación depuradora se encuentra en forma no oxidada. A la totalidad del nitrógeno no oxidado es a lo que se llama nitrógeno Kjeldahl (NTK).

Eventualmente puede llegar también en el influente de una depuradora parte de nitrógeno oxidado (nitritos o nitratos), su origen en este caso estará en vertidos industriales o en infiltraciones de la red.

- En una estación depuradora con tratamiento biológico convencional sin nitrificación, la mayoría de los compuestos orgánicos del nitrógeno son hidrolizados a amonio. Una parte es utilizada por las bacterias (el 12% de la biomasa es nitrógeno) y por lo tanto retirado del sistema con los fangos en exceso y el resto es vertido al cauce como nitrógeno amoniacal.

- En una planta con nitrificación, es convertido a nitratos el nitrógeno amoniacal no empleado por la biomasa, si bien, el contenido total de nitrógeno en el efluente sigue siendo el mismo prácticamente.

- En una planta con nitrificación y desnitrificación, los nitratos son transformados en nitrógeno gas (N_2) y por lo tanto pasa a la atmósfera, eliminándose del vertido de agua.

No obstante, y pese a los procesos de desnitrificación, siempre queda en el efluente de la depuradora una pequeña cantidad de nitrógeno orgánico (1-2 mg N_{org}/l) que corresponde a los compuestos disueltos difícilmente biodegradables (DQO refractaria).

7.1.3. Nitrificación

7.1.3.1. Descripción del proceso. Estequiometría

Como ya se ha explicado, el proceso mediante el cual se convierte a nitrato el nitrógeno presente en el agua residual bruta o decantada se conoce como “nitrificación biológica”.

La nitrificación es un proceso autotrófico (esto es, la energía necesaria para el crecimiento bacteriano se obtiene de la oxidación de compuestos de nitrógeno., principalmente del amoniaco). Al contrario que los organismos heterótrofos, para la síntesis de células nuevas, los organismos nitrificantes emplean dióxido de carbono (carbono inorgánico), en lugar de carbono orgánico.

La nitrificación del nitrógeno amoniacal es un proceso que se realiza en dos etapas, en el que toman parte dos familias de microorganismos, los Nitrosomas y los Nitrobacter. En la primera etapa, el amonio se convierte a nitrito; en la segunda, el nitrito se convierte a nitrato. El proceso de conversión se describe del siguiente modo:

Primer paso, $$NH_4^+ + \frac{3}{2}O_2 \xrightarrow{\text{Nitrosomas}} NO_2 + 2H^+ + H_2O + \text{Energia}$$

Segundo paso, $$NO_2 + \frac{1}{2}O_2 \xrightarrow{\text{Nitrobacter}} NO_3^- + \text{Energia}$$

Los Nitrosomas y los Nitrobacter utilizan la energía desprendida en estas reacciones para el crecimiento y mantenimiento celular. La reacción energética global se representa en la ecuación siguiente:

$$NH_4^+ + 2O_2 \longrightarrow NO_3^- + 2H^+ + H_2O + \text{Energia}$$

Esta ecuación se caracteriza por dos aspectos fundamentales:

- Precisa un elevado consumo de oxígeno: la oxidación de 1 gr. de $N\text{-}NH_4^+$ precisa (64/14 = 4,57) gr. de O_2.
- Se produce una fuerte acidificación: 1 mol de $N\text{-}NH_4^+$ forma 2 moles de H^+
- Por cada mg de $N\text{-}NH_4^+$ oxidado se consumen 7,14 mg de alcalinidad como CO_3Ca

Para conseguir la nitrificación lo único que se precisa es mantener las condiciones adecuadas para el crecimiento de los organismos nitrificantes. Esto se puede conseguir por medio de cualquiera de los procesos explicados en los apartados anteriores, ya sean cultivos en suspensión o cultivos fijos. En los cultivos en suspensión los procesos más comúnmente empleados son:

- Flujo en pistón convencional
- Mezcla completa
- Aireación prolongada
- Diferentes variantes de canales de oxidación

En los cultivos fijos, la nitrificación se suele conseguir reduciendo la carga aplicada. Los procesos empleados son los ya explicados de:

- Lechos bacterianos
- Contactores biológicos rotativos
- Biofiltros

7.1.3.2. Parámetros de diseño

A) Crecimiento de las bacterias nitrificantes

En el caso de los cultivos en suspensión se ha observado que las expresiones cinéticas desarrolladas para los procesos aerobios pueden aplicarse perfectamente a los procesos de nitrificación, si bien con algunas limitaciones ambientales.

La cinética del crecimiento de los microorganismos puede expresarse pues por la relación de Monod:

$$\mu = \mu_{max} \cdot \frac{S}{K_S + S}$$

Donde:

μ = tasa de crecimiento específico (tiempo $^{-1}$)
μ_{max} = tasa máxima de crecimiento específico (tiempo $^{-1}$)
S = concentración limitante del sustrato (masa / unidad de volumen)
K_S = constante de semisaturación, que representa la concentración del sustrato para la cual μ es la mitad de μ_{max} (masa / unidad de volumen)

Los valores para los diferentes parámetros han sido obtenidos a partir de la experiencia o de ensayos de laboratorio, obteniéndose:

a) Tasa de crecimiento específico máximo en función de la temperatura

Los estudios experimentales han dado las siguientes fórmulas para estimar la tasa de crecimiento específico máximo:

Para los nitrosomas: $\mu_{max} = 0{,}47 \cdot 1{,}10^{(T-15)}$

Para los nitrobacter: $\mu_{max} = 0{,}78 \cdot 1{,}06^{(T-15)}$

Donde T es la temperatura del agua residual en el reactor biológico.

Los valores indicados son válidos para temperaturas entre 8° y 30 °C.

Puede deducirse fácilmente que la velocidad de crecimiento de los nitrosomas es el factor crítico o limitante y será por tanto el que sirva de base para el dimensionamiento de la nitrificación. Se toma entonces como valor global:

$$\mu_{max} = 0{,}47 \cdot 1{,}103^{(T-15)}$$

b) Constante de semisaturación del amoniaco

Como ya se ha explicado la actividad de los organismos nitrificantes depende de la concentración del sustrato. La ausencia de amoniaco en concentraciones suficientes supone un factor limitante del crecimiento. La constante de semisaturación del amoniaco a emplear en la ecuación de Monod depende de la temperatura según la expresión.

$$K_N = 1{,}123^{(T-20)}$$

y por tanto la ecuación de la cinética será:

$$\mu_N = \mu_{max} \cdot \frac{N}{K_N + N}$$

siendo N la concentración de $N\text{-}NH_4^+$

c) Constante de semisaturación de oxígeno disuelto

La concentración de oxígeno disuelto en el agua del reactor es, al igual que la concentración de amoniaco, un factor limitante al crecimiento de los organismos nitrificantes.

La tasa específica de crecimiento también puede representarse por medio de la ecuación de Monod según:

$$\mu_N = \mu_{max} \cdot \frac{O.D}{Ko_2 + O.D}$$

En la literatura se dan valores para la constante Ko_2 que oscilan desde 0,15 hasta 2 mg O_2/l.

Evidentemente y tal como puede deducirse simplemente a partir de la ecuación de Monod, en las zonas del reactor donde no existe oxígeno disuelto, la tasa de crecimiento será 0.

Por otro lado, experimentalmente se ha comprobado que concentraciones mucho más elevadas como pueden ser 4 mg/l no mejoran la tasa de crecimiento en más de un 10%.

e) pH

Se ha observado que la tasa máxima de nitrificación se produce entre valores de 7,2 y 9,0 aproximadamente. Para sistemas combinados de oxidación del carbono - nitrificación, el efecto del pH puede tenerse en cuenta mediante la relación:

$$\mu_N = \mu_{max} \cdot [1 - 0{,}833 \cdot (7{,}2 - pH)]$$

Esta expresión es válida para valores de pH comprendidos entre 6 y 7,2.
Si pH $\geq$ 7,2 se adoptará el valor 1
Si pH $\leq$ 6,0 se adoptará el valor 0

Expresión cinética en condiciones reales

Combinando las expresiones anteriores se obtiene la expresión conjunta para el crecimiento de la bacterias nitrificantes en condiciones reales:

$$\mu_N = \mu_{max} \cdot \left(\frac{N}{K_N + N} \right) \cdot \left(\frac{O.D}{Ko_2 + O.D} \right) \cdot [1 - 0{,}833 \cdot (7{,}2 - pH)] =$$

$$= 0{,}47 \cdot 1{,}103^{(T-15)} \cdot \left(\frac{N}{1{,}123^{(T-20)} + N} \right) \cdot \left(\frac{O.D}{1{,}3 + O.D} \right) \cdot [1 - 0{,}833 \cdot (7{,}2 - pH)]$$

B) Coeficiente de degradación endógena K_{dN}

El coeficiente de degradación endógena es independiente de la concentración del sustrato en la cuba. Puede calcularse en función de la temperatura mediante la expresión:

$$K_{dN} = 0{,}034 \cdot 1{,}029^{(T-20)}$$

C) Tasa máxima de utilización del sustrato

Se define como la tasa máxima de utilización del sustrato, a la relación entre los kg, de $N\text{-}NH_4^+$ oxidados diariamente por cada kg, de SSV en el reactor.

Cinéticamente puede expresarse como:

$$q_N = \frac{\mu_N}{Y_N}$$

donde:

q_N : tasa máxima de utilización del sustrato $\left(\frac{Kg.\,N - NH_4^+ oxid.}{Kg.\,SSV \cdot d}\right)$

μ_N: tasa de crecimiento de las bacterias nitrificantes en condiciones reales (días^{-1})

Y_N: coeficiente de producción de organismos $\left(\frac{Kg.\,SSV}{Kg.\,N - NH_4^+ oxid}\right)$

Esta expresión solamente tiene en cuenta a los organismos nitrificantes mientras que en la práctica, en los procesos aerobios de tratamiento biológico tenemos otras poblaciones coactuantes.

Por tanto es necesario corregir la expresión anterior, de forma que se considere únicamente la fracción de nitrificantes en el proceso (F_N).

$$q_{Nreal} = q_N \cdot F_N = \frac{\mu_N}{Y_N} \cdot F_N$$

Se ha comprobado que la fracción de organismos nitrificantes (F_N) en el líquido mezcla de un proceso de fase única de oxidación del carbono-nitrificación se relaciona con la relación DBO_5 / NTK. Por tanto puede obtenerse el valor de F_N a partir de la ecuación siguiente:

$$F_N = \frac{1}{1 + \frac{Y_b \cdot (S_0 - S)}{Y_N \cdot (N_0 - N)}}$$

Tabla II.7.1.1.: *Valores de la fracción de nitrificantes*

Relación DBO_5 / NTK	**Fracción Nitrificantes (F_N)**
0,5	0,35
1	0,21
2	0,12
3	0,083
4	0,064
5	0,054
6	0,043
7	0,037
8	0,033
9	0,029

NOTA: Tabla calculada con: $Y_N = 0,15$, $Y_b = 0,55$

D) Edad del fango

La edad del fango puede calcularse según la expresión:

$$\frac{1}{\vartheta_C} = \frac{1}{FS} \cdot Y_N \cdot q_{Nreal} - K_{dN}$$

donde:

θ_C = edad del fango
Y_N = coeficiente de producción de organismos
q_{Nreal} = tasa máxima de utilización del sustrato en condiciones reales
K_{dN} = coeficiente de degradación endógena
FS = factor de seguridad

Factor de seguridad FS

A partir de una cantidad determinada de alimento (carga influente al reactor biológico de compuestos nitrogenados nitrificable) se forman, en función de la edad del fango, una determinada cantidad de organismos nitrificantes. A igualdad de carga nitrogenada será mayor la cantidad de organismos nitrificantes cuanto mayor sea la edad del fango.

Los organismos nitrificantes no tienen ninguna posibilidad de almacenar el sustrato ($N\text{-}NH_4^+$), por lo que las oscilaciones diarias de carga deben ser nitrificadas de forma inmediata.

Para absorver las puntas de carga, se establece el siguiente factor de seguridad:

$$FS = \frac{(N_{N,P} - N_{S,P}) \cdot Q_p}{(N_{N,m} - N_{S,m}) \cdot Q_{med}}$$

Siendo:

$N_{N,P}$ = $NTK_{influente,\ punta} - N_{F.\ Exceso} - N_{org,\ salida}$
$N_{N,m}$ = $NTK_{influente,\ medio} - N_{F.\ Exceso} - N_{org,\ salida}$
$N_{s,p}$ = Valor punta permitido en el efluente planta para NTK
$N_{s,p}$ = Valor medio permitido en el efluente planta para NTK

7.1.4. El proceso de desnitrificación

7.1.4.1. Descripción del proceso

La base del proceso reside en que en ausencia de O_2 disuelto, las bacterias heterótrofas pueden utilizar nitratos o nitritos originándose nitritos (NO_2^-) o nitrógeno gas (N_2), respectivamente.

La reacción puede expresarse de forma resumida como:

$$4\,H^+ + 5\,C + 4\,NO_3^- \text{ ----} \rightarrow 5\,CO_2 + 2\,N_2 + 2\,H_2O$$

La reacción se caracteriza por:

1) Se recupera una parte importante del oxígeno consumido en la nitrificación: 2,86 g O_2/ g de NO_3-N desnitrificado.

2) Se recupera la mitad de la alcalinidad perdida en la nitrificación. Se produce 3,57 mg de alcalinidad como $CaCO_3$ por cada mg de N-NO_3 reducido a gas.

Las condiciones imprescindibles para que se pueda llevar a cabo el proceso de desnitrificación son:

- Presencia de combinaciones oxidadas de nitrógeno
- Ausencia de oxígeno disuelto
- Presencia de bacterias facultativas (que pueden usar nitratos u oxígeno)
- Presencia de un sustrato asimilable como fuente de energía

Además existen otros factores que influyen positiva o negativamente:

Factores favorables a desnitrificación

- Relación N/DBO_5 < 0,2
- Ausencia decantación primaria o tamaño muy pequeño
- Relación DBO_5 soluble /DBO_5 total grande
- Preacidificación del agua residual
- Homogeneización de caudales y concentraciones

Factores desfavorables

- Altas cantidades de agua infiltrada y canalizaciones mixtas
- Disminución en la red de la parte fácilmente biodegradable de la DBO_5
- Largo tiempo de retención en decantador primario
- Preprecipitación
- Relación N/DBO_5 > 0,3 en entrada
- Relación DBO_5 soluble/DBO_5 total pequeña
- Entrada de O_2 disuelto
- Oscilaciones no acompasadas de DBO_5 y N

7.1.4.2. Técnicas de proceso

Con carácter general, todos los procesos deben cumplir dos condiciones:

- Debe haber zonas con ausencia de oxígeno en las que con una agitación adecuada se pongan en contacto los fangos y el agua residual.
- Debe haber demanda de oxígeno suficiente de las bacterias heterótrofas.

Son muy numerosas las soluciones que se han venido ensayando durante los últimos años para conseguir una adecuada desnitrificación. Todas ellas parten de tres técnicas básicas:

Desnitrificación postconectada

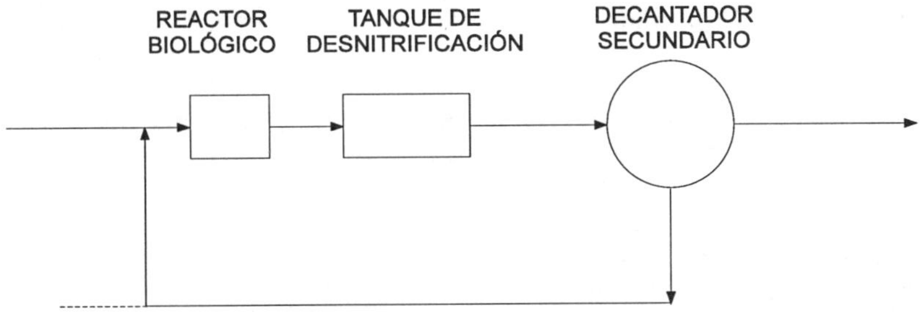

Fig. II.7.1.1. *Esquema proceso con desnitrificación postconectada*

Utiliza sustancias de reserva intracelulares de las bacterias como donantes de H en la desnitrificación, añadiendo un tanque después del reactor biológico.

Ventajas:

- Alto rendimiento en degradación de combinaciones difícilmente degradables
- Buena sedimentabilidad del fango en decantación secundaria

Desventajas:

- Velocidad de desnitrificación baja (como consecuencia se necesita un gran volumen de tanque)

Desnitrificación preconectada

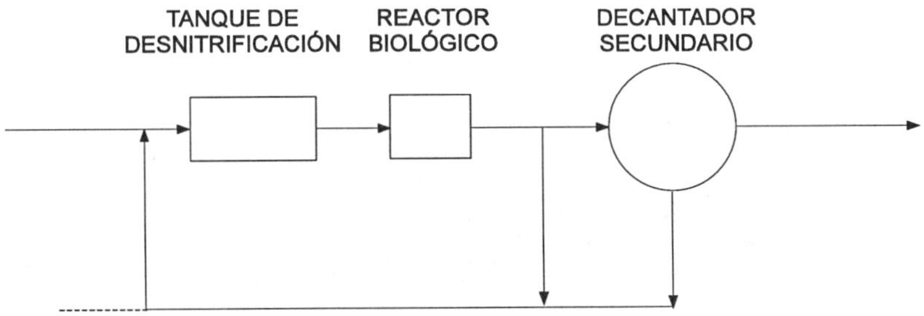

Fig. II.7.1.2. *Esquema proceso con desnitrificación preconectada*

Los nitratos llegan al tanque anóxico por recirculación interna, que suele ser varias veces superior al caudal medio.

La principal ventaja es que se requiere un tiempo de contacto mínimo.

Desnitrificación simultánea y alternante

Se realiza la *simultánea* consiguiendo en el reactor una zona con suficiente aeración para nitrificar y otra anóxica para desnitrificar (ejemplo: sistemas de carrusel). Ver figura II.7.1.3.

En la desnitrificación *alternante* las condiciones del medio adecuadas para cada proceso se realizan en secuencia temporal (por aeración intermitente)

Fig. II.7.1.3. *Esquema proceso con desnitrificación simultánea*

7.1.4.3. Parámetros de diseño

A) Crecimiento de las bacterias desnitrificantes

En el caso de los cultivos en suspensión se ha observado que las expresiones cinéticas desarrolladas para los procesos aerobios pueden aplicarse perfectamente a los procesos de desnitrificación, si bien con algunas limitaciones ambientales.

La cinética del crecimiento de los microorganismos puede expresarse pues por la relación de Monod:

$$\mu = \mu_{max} \cdot \frac{S}{K_S + S}$$

Donde:

μ = tasa de crecimiento específico (tiempo $^{-1}$)
μ_{max} = tasa máxima de crecimiento específico (tiempo $^{-1}$)
S = concentración limitante del sustrato (masa / unidad de volumen)
K_S = constante de semisaturación, que representa la concentración del sustrato para la cual μ es la mitad de μ_{max} (masa / unidad de volumen)

Los valores para los diferentes parámetros han sido obtenidos a partir de la experiencia o de ensayos de laboratorio, obteniéndose:

a) Tasa de crecimiento específico en función de la temperatura

Los estudios experimentales han dado las siguientes fórmulas para estimar la tasa de crecimiento específico máximo:

$$\mu_{max} = \mu_{max,20} \cdot \vartheta^{(T-20)}$$

Siendo valores normales:

Tabla II.7.1.2.: *Valores coeficientes tasa de crecimiento específico*

DONANTE DE H^+	θ	$\mu_{max\ 20}$	**RANGO TEMPERATURA**
Metanol	1,12	10	10-25
Agua Residual bruta	1,15	3	5-20
Sustancias de reserva endógenas	1,20	0,4	15-25

b) Constante de semisaturación de los nitratos

Como ya se ha explicado la actividad de los organismos desnitrificantes depende de la concentración del sustrato. La ausencia de nitratos en concentraciones suficientes supone un factor limitante del crecimiento. La constante de semisaturación del amoniaco a emplear en la ecuación de Monod puede tomarse de la siguiente tabla de valores experimentales:

Tabla II.7.1.3.: *Valores de la constante K_D*

Tipo de cultivo	**K_D**
Cultivo en suspensión sin recirculación	0,08
Cultivo en suspensión con recirculación	0,16
Cultivo en lecho fijo	0,06

La ecuación de la cinética es:

$$\mu_D = \mu_{max} \cdot \frac{D}{K_D + D}$$

siendo D la concentración de nitratos (mg $N\text{-}NO_3$/l)

c) Constante de semisaturación de carbono

La concentración de carbono en el agua del reactor es, al igual que la concentración de nitratos, un factor limitante al crecimiento de los organismos nitrificantes.

La tasa específica de crecimiento también puede representarse por medio de la ecuación de Monod según:

$$\mu_D = \mu_{max} \cdot \frac{M}{Km + M}$$

siendo M la concentración de metanol (mg CH_3OH/l).

En la literatura se dan valores para la constante K_M muy bajos. Por este motivo, salvo en casos excepcionales en que sea necesario sobredosificar, esta constante tomará el valor 1.

d) pH

El valor óptimo del pH está en el entorno del neutro según puede deducirse a partir de la figura siguiente:

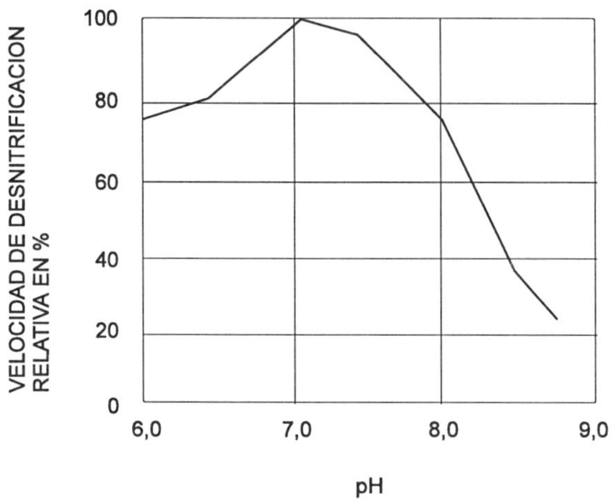

Fig. II.7.1.4. *Velocidad relativa de desnitrificación en función del pH*

Expresión cinética en condiciones reales

Combinando las expresiones anteriores se obtiene la expresión conjunta para el crecimiento de la bacterias desnitrificantes en condiciones reales:

$$\mu_D = \mu_{max} \cdot \left(\frac{D}{K_D + D} \right) \cdot \left(\frac{M}{K_M + M} \right)$$

B) Coeficiente de degradación endógena K_{dD}

El coeficiente de degradación endógena es independiente de la concentración del sustrato en la cuba. Puede adoptarse como valor medio de diseño:

$$K_{dD} = 0{,}04$$

C) Tasa máxima de utilización del sustrato

Se define como la tasa máxima de utilización del sustrato, a la relación entre los kg, de $N\text{-}NO_3$ reducidos diariamente por cada kg, de SSV en un reactor.

Cinéticamente puede expresarse como:

$$q_D = \frac{\mu_D}{Y_D}$$

donde:

q_D : tasa máxima de utilización del sustrato $\left(\frac{Kg.\,N - NO_3^- reduc.}{Kg.\,SSV \cdot d}\right)$

μ_D: tasa de crecimiento de las bacterias desnitrificantes en condiciones reales (días^{-1})

Y_D: coeficiente de producción de organismos $\left(\frac{Kg.\,SSV}{Kg.\,N - NO_3^- reducido}\right)$

Los valores encontrados en la literatura para Y_D oscilan entre 0,6 y 1,20.

D) Edad del fango

La edad del fango puede calcularse según la expresión:

$$\frac{1}{\vartheta_C} = Y_D \cdot q_D - K_{dD}$$

donde:

θ_C = edad del fango (días^{-1})
Y_D = coeficiente de producción de organismos
K_{dD} = coeficiente de degradación endógena

7.1.4.4. Estructuración del cálculo de un proceso de nitrificación / desnitrificación

El proceso de cálculo a seguir para dimensionar el reactor de una instalación de nitrificación / desnitrificación según la norma A – 131 sigue los siguientes pasos.

NOTA: La aplicación de esta norma está condicionada al cumplimiento de las siguientes relaciones en el agua bruta:

- *$DQO/DBO_5 \approx 2$*
- *$TKN/DBO_5 < 0,25$*

1. Selección de la relación volumen anóxico /volumen total y de la capacidad de desnitrificación

La norma da unas capacidades de desnitrificación en kg. $(NO_3\text{-}N)_{DN}$/Kg. DBO_5 en función de la relación V_{ANOX}/V_{TOTAL} para los casos de desnitrificación previa y simultánea que se basan en la consideración de que la velocidad de desnitrificación es proporcional a la toma de oxígeno del carbono orgánico. La expresión de partida en el caso de la desnitrificación simultánea es:

$$(N-NO_3)_D \cdot Q \cdot 2{,}9 = V_D \cdot O.N_C \cdot f$$

$$\frac{(N-NO_3)_D \cdot Q}{V_R \cdot C_V} = \frac{f}{2{,}9} \cdot \frac{O.N_C}{C_V} \cdot \frac{V_D}{V_R}$$

Siendo:

$(N\text{-}NO_3^-)_D$	= Concentración nitratos desnitrificados (mg/l)
Q	= Caudal (m^3/día)
V_D	= Volumen de la zona de desnitrificación (m^3)
$O.N_C$	= Demanda de oxígeno existente por degradación del carbono por m^3 de reactor y día (g/m^3 d)
f	= Factor que considera la mayor lentitud de la respiración anóxica (de nitratos) frente a la óxica (de oxígeno). La norma toma f = 0,6
V_R	= Volumen total de reactor (m^3)
C_V	= Carga volúmica (kg. DBO_5/m^3 d)
2,9	= mg de oxígeno aprovechable por cada mg de $N\text{-}NO_3^-$ desnitrificado

Esta fórmula asume que la velocidad de desnitrificación es proporcional a la toma de oxígeno del carbono orgánico y representa una media en el total del reactor. Por ello sólo se puede aplicar a tanques de mezcla total como es el caso de la desnitrificación simultánea.

En la zona anóxica en cabeza, un sistema de predesnitrificación, la velocidad de toma de oxígeno es mayor que la media. La norma hace una mayoración con un factor f' de aceleración de la respiración.

Por tanto en este caso la expresión es:

$$(N-NO_3^-)_D \cdot Q \cdot 2{,}9 = V_D \cdot O.N_C \cdot f \cdot f'$$

Los valores recomendados para la relación V_D/V_R, para una temperatura de diseño de 10°C están reflejados en la tabla siguiente:

Tabla II.7.1.4.: *Relación V_D/V_R*

Desnitrificación	Capacidad de desnitrificación en kg. $N\text{-}NO_3$/kg. DBO_5	
V_D/V_R	Desnitrificación previa	Desnitrificación simultánea
0,2	0,07	0,05
0,3	0,10	0,08
0,4	0,12	0,11
0,5	0,14	0,14

NOTA: Los cálculos están realizados para T = 10 °C

2. Cálculo del balance de nitrógeno

- Se calculará el nitrógeno a nitrificar
- La relación de recirculación necesaria en función del nitrato recirculado, que puede obtenerse de la tabla II.7.1.5.

Tabla II.7.1.5.: *Relación de recirculación necesaria en función del nitrato recirculado*

Nitratos recirculados (R_N) %	Relación de recirculación necesaria (r)
33	0,5
50	1,0
67	2,0
80	4,0

Este valor puede calcularse empíricamente por la fórmula:

$$r = \frac{1}{(1 - R_N)} - 1$$

- Se determina la eliminación media de nitrógeno en el proceso

3. Cálculo de la edad del fango mínima en función de la relación V_D/V_R

La edad del fango mínima para estaciones depuradoras con procesos de nitrificación puede calcularse por la expresión:

$$\vartheta_{Cmin,N} = f \cdot 2{,}13 \cdot 1{,}103^{(15-T)} \quad \text{(en días)}$$

siendo T la temperatura del agua (en °C) en el reactor biológico.

En plantas con procesos de nitrificación/desnitrificación la edad del fango mínima será:

$$\vartheta_{Cmin,D} = \frac{\vartheta_{Cmin,N}}{1 - \frac{V_D}{V_R}} \quad \text{(en días)}$$

Para plantas de menos de 20.000 h-eq f = 2,9
Para plantas de más de 100.000 h-eq f = 2,3

4. Cálculo del volumen del reactor biológico

Para la concentración de sólidos en el reactor la norma recomienda los siguientes valores:

Tabla II.7.1.6.: *Concentraciones recomendadas de sólidos en el reactor*

Proceso	MLSS (Kg/m^3)	
	Con Decantación primaria	**Sin decantación primaria**
Con nitrificación	2,5-3-5	3,5-4,5
Con nitrificación y desnitrificación	2,5-3,5	3,5-4,5

5. Cálculo del oxígeno necesario

La norma calcula por separado las necesidades de oxígeno para la oxidación de la materia carbonosa:

$$O.N_C = \frac{0{,}144 \cdot \vartheta_C \cdot 1{,}072^{(T-15)}}{1 + \vartheta_C \cdot 0{,}08 \cdot 1{,}072^{(T-15)}} + 0{,}5 \frac{kg.O_2}{kg.DBO_5}$$

tomándose como valor máximo 1,6 $kg.O_2/kg.\ DBO_5$

Y las necesidades para la oxidación de los compuestos nitrogenados.

Para el caso de nitrificación / desnitrificación:

$$O.N_N = \frac{4{,}6 \cdot N - NO_{3\,efluente} + 1{,}7\ N - NO_{3\,desnitrificados}}{kg.DBO_5 / d}$$

y para el caso de sólo nitrificación:

$$O.N_N = \frac{4{,}6 \cdot N_N}{kg.DBO_5 / d}$$

La norma establece que debe efectuarse un triple cálculo para comprobar cuál es la hipótesis más desfavorable. Los casos a estudiar son:

- Sólo nitrificación a 10 °C
- Nitrificación / Desnitrificación a 10 °C
- Nitrificación / Desnitrificación a 20 °C

En caso de no disponerse de estudios sobre las oscilaciones diarias de carga, la norma proporciona los siguientes coeficientes para el cálculo en la demanda punta horaria:

Tabla II.7.1.7.: *Coeficiente de seguridad frente a las puntas de carga*

Edad del fango (días)		**4**	**6**	**8**	**10**	**15**	**25**
Materia carbonosa	f_C	1,3	1,25	1,2	1,2	1,15	1,1
Compuestos nitrogenados	f_N (< 20.000 h-eq)	-	-	-	2,5	2,0	1,5
	f_N (> 100.000 h-eq)	-	-	2,0	1,8	1,5	-

Por tanto, el aporte específico necesario vendrá dado por la expresión:

$$O.N_T = (O.N._C \cdot f_C + O.N._N \cdot f_N) \quad \text{en kg.O}_2\text{/kg. DBO}_5$$

El oxígeno así calculado se entiende que es en condiciones estándar por lo que será necesario mayorarlo por los coeficientes correspondientes a las condiciones reales de operación (ver cap. 6.1.)

6. Comprobación de la alcalinidad

La pérdida de la alcalinidad del agua residual en el reactor biológico se calcula tanto para los casos de nitrificación como los de nitrificación/desnitrificación a partir de la siguiente expresión:

$$\Delta Alcalinidad \;=\; \frac{1}{14}\cdot(N\_NH_{4,infl} \text{ - } N\_NH_{4,salida} + N\_NO_{3,salida} \text{ - } N\_NO_{3,influente}) \left(\frac{mmol}{l}\right)$$

El valor de la alcalinidad a la salida del reactor biológico debe ser > 1,5 mmol/l

7. Producción de fangos en exceso

La producción específica de fangos en exceso, es decir, la relación kg. F.exceso/kg. $DBO_{5\ elim}$, pueden calcularse a partir de la expresión:

$$0{,}6 \cdot \left(\frac{SST_i}{DBO_{5,i}} + 1\right) - \frac{0{,}072 \cdot 0{,}6 \cdot 1{,}072^{(T-15)}}{\frac{1}{\vartheta_c} + 0{,}08 \cdot 1{,}072^{(T-15)}}$$

siendo:

- SST_i = los sólidos en suspensión influentes al reactor biológico (Kg/d)
- $DBO_{5,i}$ = la DBO_5 influente al reactor biológico (kg/d)
- θ_C = la edad del fango (días)
- T = temperatura del agua en el reactor biológico (°C)

7.2. Caso práctico de dimensionamiento

7.2.1. Caso 1: dimensinamiento de un proceso de nitrificación

DATOS DE DISEÑO:

Caudales	Situación actual	Datos de diseño
Caudal medio (m^3/h)	158,5	256
Caudal punta (m^3/h) (Q_{med} x 1,95)	309	499
Caudal máximo (m^3/h) (Q_{med} x 2,4)	380	614

Cargas	Situación actual	Datos de diseño
Kg DBO_5/d	811,5	1.455,5
Kg. S.S.V /d	1.088	1.952
Kg S.S.T /d	1.360	2.440
Kg. DQO/d	1.565	2.806
Kg. N-NTK/d	196	332

1. Cálculo de la carga de nitrógeno a nitrificar

Influente al reactor biológico: 332 kg. NTK/d (54 mg/l)
De estos suponemos:
2,5% es Norgánico: 8,3 kg/d (1,35 mg/l)
97,5% es N-NH_4^+: 323,7 kg/d (52,65 mg/l)

A deducir:
Norgánico en salida (estimado en 1 mg/l) = 6,15 kg/d
N en F. exceso (estim, 5% de DBO_5) = 47,3 kg/d

Carga nitrógeno a nitrificar:
N_N = 332 – 6,15 - 47,3 = 278,55 kg/d (45,3 mg/l)

2. Determinamos el valor de la tasa máxima de crecimiento específico para los organismos nitrificantes.

Tal y como se había especificado en el apartado teórico, se adopta como valor global de la reacción:

$$\mu_{max} = 0{,}47 \cdot 1{,}103^{(T-15)} = 0{,}47 \cdot d^{-1}$$

3. Corrección de la tasa máxima de crecimiento para las condiciones de funcionamiento reales.

a) Factor de corrección por el amoniaco

$$\frac{N}{K_N + N} = \frac{52{,}65}{1{,}123^{(15-20)} + 52{,}65} = 0{,}989$$

b) Factor de corrección por el oxígeno disuelto

- Adoptamos un valor de la constante de media velocidad del oxígeno disuelto de 1,3
- Fijamos la concentración de oxígeno disuelto a mantener en el reactor en 2,2 mg/l

$$\frac{O.D.}{Ko_2 + O.D.} = \frac{2,2}{1,3 + 2,2} = 0,628$$

c) Factor de corrección por el pH

Suponemos que el pH sigue siendo el mismo que el influente en planta, es decir, pH = 7.

$$1 - 0,833 \cdot (7,2 - 7) = 0,833$$

Por tanto, la tasa máxima de crecimiento en condiciones reales será:

$$\mu_N = 0,47 \cdot 0,989 \cdot 0,628 \cdot 0,833 = 0,242\, d^{-1}$$

4. Cálculo de la tasa máxima de utilización del sustrato en condiciones reales

$$q_N = \frac{\mu_N}{Y_N} = \frac{0,242}{0,15} = 1,61\, días^{-1}$$

- Cálculo de la edad del fango

$$\frac{1}{\vartheta_C} = \frac{1}{FS} \cdot Y_N \cdot q_N - K_{dN}$$

- Coeficiente de degradación endógena (Kd_N)

$$Kd_N = 0,034 \cdot 1,029^{(T-20)} = 0,029$$

- Factor de seguridad (FS)

$$FS = \frac{(N_{N,P} - N_{S,P})}{(N_{N,m} - N_{S,m})} \cdot \frac{Q_p}{Q_{med}} = \frac{(1,5 \cdot 45,3 - 1,5 \cdot 1) \cdot 1,57 \cdot 257}{(45,3 - 1) \cdot 257} = 2,35$$

NOTA: $N_{S,p}$= $N_{S,m}$ = 1 mg/l correspondiente a la fracción orgánica no nitrificable

Sustituyendo los valores:

$$\frac{1}{\vartheta_C} = \frac{1}{2,35} \cdot (0,15 \cdot 1,61 - 0,029)$$

$$\theta_C = 11,03 \text{ días}$$

5. Cálculo de las tasas de utilización del sustrato de proyecto

a) Para la eliminación de la DBO

$$\frac{1}{\vartheta_C} = Y_b \cdot U_b - Kd_b$$

$$U_b = \frac{1}{Y_b} \cdot \left(\frac{1}{\vartheta_C} + Kd_b \right) = \frac{1}{0{,}65} \cdot \left(\frac{1}{11{,}03} + 0{,}06 \right) = 0{,}23 \frac{kg.DBO_5 elim}{kg.MLSSV \cdot d}$$

b) Para la oxidación del amoniaco en condiciones reales

$$\frac{1}{\vartheta_C} = Y_b \cdot q'_N - Kd_N$$

$$q'_N = \frac{1}{Y_N} \cdot \left(\frac{1}{\vartheta_C} + Kd_N \right) = \frac{1}{0{,}15} \cdot \left(\frac{1}{11{,}03} + 0{,}029 \right) = 0{,}8 \frac{kg, N - NH_4^+ oxid}{kg.MLSSV \cdot d}$$

$$q_{Nreal} = q_N \cdot F_N$$

obtenemos la fracción de microorganismos nitrificantes:

$$F_N = \frac{1}{1 + \frac{0{,}65 \cdot (154 - 7{,}4)}{0{,}15 \cdot (54 - 0)}} = 0{,}078$$

$$q_{Nreal} = 0{,}80 \cdot 0{,}078 = 0{,}0624 \frac{kg.N - NH_4^+ oxid}{kg.MLSSV \cdot d}$$

6. Cálculo de los tiempos de retención hidráulica

a) Para la oxidación de la DBO_5

El tiempo de retención hidráulica podemos calcularlo por:

$$t_{Rb} = \frac{S_0 - S}{U_b \cdot X_{volátiles}}$$

$$t_{Rb} = \frac{154 - 7{,}4}{0{,}23 \cdot 2.900 \cdot 0{,}8} = 0{,}274\, días = 6{,}6\, h$$

b) Para la oxidación del amoniaco

$$t_{RN} = \frac{N_0 - N}{q_{Nreal} \cdot X_{volátiles}} = \frac{45,3 - 1}{0,0624 \cdot 2.900 \cdot 0,8} = 0,306\,d = 7,34\,h$$

Vemos que el proceso de nitrificación es el que controla el tiempo de retención hidráulica necesaria en este caso y será por tanto el que emplearemos para calcular el volumen.

7. Cálculo del volumen del reactor

$$V = Q \cdot t_{RN} = 256 \cdot 7,34 = 1.879\,m^3$$

8. Cálculo de la necesidad teórica de oxígeno.

La calculamos mediante la expresión simplificada:

$$O.N_{NITR} = \frac{4,57 \cdot Q \cdot (N_0 - N)}{1.000} = \frac{4,57 \cdot 256 \cdot 24 \cdot (54 - 0)}{1.000} = 1.516 kg.O_2 / d$$

a añadir a los kg. necesarios para la eliminación de la materia orgánica carbonatada calculados en el apartado 6.1. Es decir, en este caso, la instalación necesitaría un aporte teórico total en condiciones punta de:

$$N._{punta} = 1.254,6 + 1.516 = 2.770 \text{ kg. } O_2/d$$

Este aporte deberá verse mayorado en función de las condiciones reales de funcionamiento de forma similar a lo explicado en el apartado de fangos activos.

7.2.2. Caso 2: dimensionamiento de un proceso de nitrificación / desnitrificación

DATOS DE DISEÑO:

Caudales	Situación actual	Datos de diseño
Caudal medio (m^3/h)	158,5	256
Caudal punta (m^3/h) (Q_{med} x 1,95)	309	499
Caudal máximo (m^3/h) (Q_{med} x 2,4)	380	614

Cargas	Situación actual	Datos de diseño
Kg DBO_5/d	811,5	1.455,5
Kg. S.S.V /d	1.088	1.952
Kg S.S.T /d	1.360	2.440
Kg. DQO/d	1.565	2.806
Kg. N-NTK/d	196	332
Alcalinidad entrada biológico	7,5	7,5

1. Comprobamos que la norma ATV A-131 es aplicable al caso:

Tomando los valores del agua bruta:

$$\frac{DQO}{DBO_5} = \frac{455}{237} = 1{,}92$$

$$\frac{NTK}{DBO_5} = \frac{57{,}3}{237} = 0{,}24$$

2. Selección de la relación V_D/V_R y capacidad de desnitrificación:

De la tabla II.7.1.4.: $\frac{V_D}{V_R} = 0{,}3$

Seleccionamos un proceso de desnitrificación previa, con una zona anóxica en cabeza según el esquema:

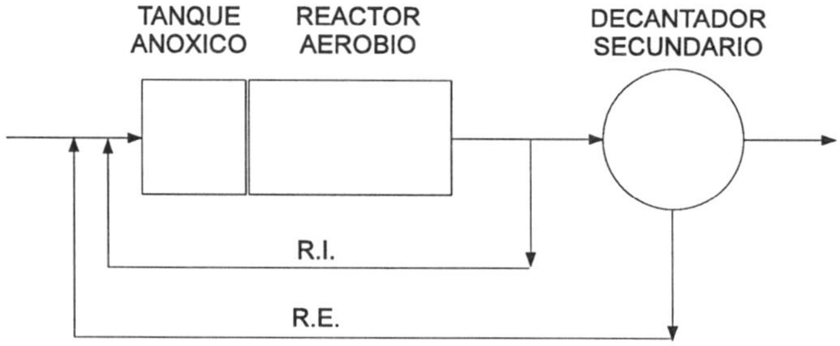

De la tabla II.7.1.4.: Capacidad de desnitrificación: 0,1 kg N-NO_3/kg. DBO_5

3. Cálculo del balance a carga de nitrógeno a nitrificar

A) Carga de nitrógeno a nitrificar

Influente al reactor biológico: 332 kg. NTK/d (54 mg/l)
De estos suponemos:
 2,5% es Norgánico: 8,3 kg/d (1,35 mg/l)
 97,5% es N-NH_4^+: 323,7 kg/d (52,65 mg/l)

A deducir:
 Norgánico en salida (estimado en 1 mg/l) = 6,15 kg/d
 N en F. exceso (estim, 5% de DBO_5) = 47,3 kg/d

Carga nitrógeno a nitrificar:
 N_N = 332 – 6,15 - 47,3 = 278,55 kg/d (45,3 mg/l)

B) Relación de recirculación necesaria

Calculamos la relación: $\frac{N_N}{DBO_5} = \frac{278{,}55\ Kg/d}{946{,}08\ kg/d} = 0{,}294$

Luego el % de nitratos a recircular será:

$$100 \cdot \frac{0{,}1}{0{,}294} = 33{,}9\%$$

Relación de recirculación interna necesaria:

$$r = \frac{1}{(1-0{,}339)} - 1 = 0{,}51$$

C) Eliminación media de nitrógeno

– Nitrógeno desnitrificado diariamente:

$$N\_NO_{3,desnitrif} = 0{,}1\,\frac{Kg.\ N\_NO_3/d}{Kg.\ DBO_5/d} \cdot 946{,}08\ \frac{Kg.\ DBO_5}{d} = 94\ \frac{Kg}{d}$$

– Eliminación media de nitrógeno:

$$\frac{N\ desnitrif\ +\ N\ en\ F.\ exceso}{N\ influente} = \frac{94+47{,}3}{332} = 42{,}6\%$$

– Nitratos en salida:

$$N_N - N_{desnitrif} = 278{,}55 - 94 = 184{,}55\,\frac{Kg.}{d}\ \text{(30 mg/l)}$$

Vemos que no cumple con los requisitos de vertido fijados (N-NO_3 $\leq$ 20 mg/l = 122.86 kg/d), por lo que será necesario incrementar la capacidad de desnitrificación.

N a desnitrificar = 278,55 – 122,8 = 155,6 kg/d

Capacidad de desnitrificación = $\frac{155{,}6}{946{,}08} = 0{,}164$

Que sigue siendo un valor superior al 0,14 permitido por la norma. Esto significa que es necesario reducir el rendimiento fijado en la decantación primaria de forma que nos entre al reactor biológico más carga de DBO_5.

Si reducimos el rendimiento de eliminación en el decantador primario al 40% para los SS y al 20% la DBO_5, tendremos unas cargas influentes al biológico de:

DBO_5 = 1.455,5 · 0,80 = 1.164,4 kg/d
SST = 2.440 · 0,60 = 1.464 kg/d

La capacidad de desnitrificación será entonces:

$\frac{155{,}6}{1.164{,}4} = 0{,}133$, que corresponde a una relación V_D/V_R = 0,45.

Volvemos entonces a calcular la relación de recirculación:

$$\frac{N_N}{DBO_5} = \frac{278{,}55}{1.164{,}4} = 0{,}239$$

% de nitratos a recircular: $100 \cdot \frac{0{,}133}{0{,}239} = 55{,}6\%$

Relación de recirculación: $r = \frac{1}{(1 - 0{,}556)} - 1 = 1{,}25$

4. Cálculo de la edad del fango mínima

La edad del fango viene definida por la expresión:

$$\vartheta_{C,min,D} = \frac{f \cdot 2{,}13 \cdot 1{,}103^{(15-T)}}{1 - \frac{V_D}{V_R}}$$

Tomando: f = 2,8 (depuradora pequeña mediana)
V_D/V_R = 0,45
T = 10 °C

Obtenemos: $\theta_{C,min,D}$ = 17,7 días

Con las mismas hipótesis pero con T = 20 °C, obtenemos:
$\theta_{C,min,D}$ = 6,64 días, adoptándose 10 días como valor mínimo recomendado por la norma.

5. Cálculo del volumen del reactor biológico

Adoptamos una concentración de sólidos en el reactor de 3 kg/m^3. La producción específica de fangos en exceso es (para T = 10 °C)

$$Fexc = 0{,}6 \cdot \left(\frac{1.464}{1.164} + 1 \right) - \frac{0{,}072 \cdot 0{,}6 \cdot 1{,}072^{(15-10)}}{\frac{1}{17{,}7} + 0{,}08 \cdot 1{,}072^{(15-10)}} = 0{,}99$$

La carga másica será:

$$C_m = \frac{1}{F_{exc} \cdot \vartheta_C} = \frac{1}{0.99 \cdot 17,7} = 0,057 \frac{kg.DBO_5}{kg.MLSS \cdot d}$$

La carga volúmica será:

$$C_V = 0,057 \cdot 3 = 0,171 \frac{kg.DBO_5}{m^3 \cdot d}$$

El volumen del reactor:

$$V_R = \frac{1.164}{0,171} = 6.799 \ m^3$$

El volumen de la zona de desnitrificación:

$$V_D = 0,45 \cdot V_R = 0,45 \cdot 6.799 = 3.060 \ m^3$$

6. Cálculo del oxígeno necesario

A) Oxígeno necesario en condiciones estándar para la oxidación de la materia carbonosa.

$$O.N._C = \frac{0,144 \cdot \vartheta_C \cdot 1,072^{(T-15)}}{1 + \vartheta_C \cdot 0,08 \cdot 1,072^{(T-15)}} + 0,5$$

Para T = 10 °C, θ_C = 17,7 días, O.N.$_C$ = 1,4 kg. O_2/kg. DBO_5
Para T = 20 °C, θ_C = 10 días, O.N.$_C$ = 1,45 kg. O_2/kg. DBO_5

B) Oxígeno necesario en condiciones estándar para solamente nitrificación.

$$O.N._N = \frac{4,6 \cdot N_N}{kg.DBO_5 / d} = \frac{4,6 \cdot 278,55}{1.164,4} = 1,1 \frac{kg.O_2}{kg.DBO_5}$$

C) Oxígeno necesario en condiciones estándar para nitrificar/desnitrificar.

$$O.N._N = \frac{4,6 \cdot N\_NO_{3,efluente} + 1,7 \ N\_NO_{3,desnitrif}}{Kg. \ DBO_5 / d} = \frac{4,6 \cdot 122,86 + 1,7 \cdot 155,6}{1.164,4} = 0,71 \frac{Kg.O_2}{Kg.DBO_5}$$

D) Cálculo de la demanda punta horaria

Se calcula por la expresión:

$$O.N._T = (O.N._c \cdot f_C + O.N._N \cdot f_N) \cdot \frac{kg.DBO_5 / d}{24}$$

Para las tres hipótesis que obliga la norma:

I) Sólo nitrificación (10 °C) = (1,4 · 1,145 + 1,1 · 1,9) = 3,693
II) Nitrific/Desnitrific (10 °C) = (1,4 · 1,145 + 0,71 · 1,9) = 2,952
III) Nitrific/Desnitrific (20 °C) = (1,45 · 1,2 + 0,71 · 2,5) = 3,515

La hipótesis más desfavorable a adoptar es la I, con un valor de 3,693 $kg.O_2/kg.DBO_5$.

Por tanto, el aporte de oxígeno en condiciones estándar será:

$$O.N._T = 3{,}693 \cdot \frac{1.464{,}4}{24} = 225{,}3\,\frac{kg.O_2}{h}$$

Este oxígeno está calculado en condiciones estándar por lo que es necesario mayorarlo por los coeficientes correspondientes a las condiciones reales de operación (ver cap. 6.1.)

7. Comprobación de la alcalinidad

La pérdida por alcalinidad se calcula por la expresión:

$$\Delta Alcalinidad = \frac{1}{14}\cdot(N\_NH_{4,infl} - N\_NH_{4,salida} + N\_NO_{3,salida} - N\_NO_{3,influente})$$

$N\text{-}NH_4^+$, infl:	52,65 mg/l
$N\text{-}NH_4^+$, salida:	0 mg/l
$N\text{-}NO_3^-$, infl:	0 mg/l
$N\text{-}NO_3^-$, salida:	20 mg/l

$$\Delta \text{Alcalinidad} = \frac{1}{14}\cdot(52{,}65 - 0 + 20 - 0) = 5{,}19\,\frac{\text{mmol}}{\text{l}}$$

La alcalinidad a la salida será:

$$\text{Alc.}_{\text{salida}} = 7{,}5 - 5{,}19 = 2{,}31\,\frac{\text{mmol}}{\text{l}}$$

Superior al valor fijado por la norma de 1,5 mmol/l y por tanto válido.

III. LINEA DE FANGO: CALCULO Y DIMENSIONAMIENTO

1. DETERMINACIÓN DE LOS CAUDALES Y CARGAS DE DISEÑO

Para el dimensionamiento práctico de la línea de fangos, partiremos de los resultados obtenidos en la alternativa diseñada del proceso de fangos activos convencional, es decir:

Fangos procedentes de decantación primaria

- Cantidad de fango producido al día:

F1 (SST) = 1.342 kg. SST/d
F1 (SSV) = 881 kg.SSV/d

- Concentración

$C_{F1} = 3\% = 30\ kg/m^3$

Fangos biológicos o fangos en exceso

- Cantidad de fango producido al día:

$P_{X\ (SST)}$ = 663 kg. SST/d
$P_{X\ (SSV)}$ = 476 kg. SSV/d

- Concentración

$C_{F2} = 0{,}8\ \% = 8\ kg/m^3$

2. ESPESAMIENTO POR GRAVEDAD

2.1. Conceptos teóricos

2.1.1. Consideraciones generales

Antes de proceder a la eliminación o a la estabilización de los fangos, que se han separado del agua residual, es conveniente, y frecuentemente rentable, proceder al espesamiento de los fangos purgados de los decantadores.

Se obtiene un doble resultado:

- Concentración de los fangos antes de su conducción a vertedero o la digestión. El volumen de fango a transportar o a tratar resulta así mucho menor, con el consiguiente ahorro de volumen en los digestores (menores caudales a tratar y bombear, depósitos más pequeños, menores pérdidas por radiación; aparatos menos costosos).
- Mezcla y homogeneización de los fangos procedentes de distintos decantadores, de gran interés en las plantas que tengan más de un decantador primario.

En las estaciones depuradoras, con tratamiento secundario y recirculación de fangos, se puede conducir directamente el exceso de fangos sedimentados en la decantación secundaria a los espesadores, o bien a los decantadores primarios. En ambos casos se produce la mezcla con los extraídos de la decantación primaria, de forma que el caudal suministrado a digestión es de características homogéneas y tiene la suficiente concentración.

La figura III. 2.1. muestra un ejemplo de un espesador de gravedad circular.

El espesado por gravedad se lleva a cabo en un tanque de diseño similar al de un decantador convencional, empleándose normalmente tanques circulares.

El fango diluido se conduce a una cámara de alimentación central. El fango alimentado sedimenta y compacta, y el fango espesado se extrae por la parte inferior del tanque.

Los mecanismos de recogida de fangos convencionales consisten en dispositivos dotados de rascadores profundos o piquetas verticales que remueven el fango lentamente, promoviendo la apertura de canales para proporcionar salida al agua, favoreciendo así la concentración.

El sobrenadante que se origina, se retorna al decantador primario o cabecera de planta. El fango espesado que se recoge en el fondo del tanque se bombea a los digestores o equipos de deshidratación según las necesidades, por lo que es necesario disponer siempre de un cierto volumen de almacenamiento.

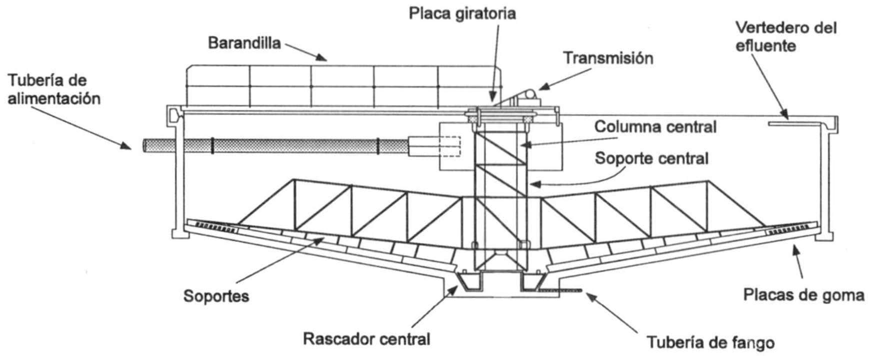

Fig. III.2.1. *Espesador de gravedad circular*

2.1.2. Parámetros de diseño

A) Carga de sólidos

Expresada en peso de sólidos por unidad de tiempo y superficie útil de espesador (normalmente $Kg/m^2/día$).

La tabla siguiente muestra los valores recomendados para el diseño.

Tabla III.2.1.: *Valores de diseño para la carga de sólidos*

	F. primario	F. activos	F. mixtos	F. aireación prolongada	F. estabilización aerobia
Carga de sólidos ($Kg/m^2 \cdot d$)	90 - 130	20 - 35	40 - 70	25 - 35	30 - 40

B) Carga hidráulica

Influye sobre la forma de la curva de sedimentación, en la capacidad de formación y eliminación de sobrenadantes.

Expresada en volumen de sólidos por unidad de tiempo y superficie útil de espesador (normalmente $m^3/m^2 \cdot h$).

La tabla siguiente muestra los valores recomendados para el diseño.

Tabla III.2.2.: *Valores de diseño para la carga hidráulica*

	F. primario	F. activos	F. mixtos	F. aireación prolongada	F. estabilización aerobia
Carga hidráulica ($m^3 / m^2 \cdot h$)	$\leq$1,40	$\leq$0,45	$\leq$0,90	$\leq$0,45	$\leq$0,45

C) Altura del espesador

Influye directamente sobre la capacidad de espesamiento.

Los valores comprendidos entre 2,50 y 3 metros suelen resultar los más adecuados, tanto desde el punto de vista técnico como del económico.

D) Tiempo de retención

Adquiere un caracter determinante por encima de un tiempo (6-8 horas normalmente), en que comienzan las reacciones anaeróbicas en los fangos. Puesto que los tiempos de retención normalmente empleados son siempre superiores a las 24 h, se recomienda con carácter general el adoptar medidas contra olores (cubrición, etc.).

La tabla siguiente muestra los valores recomendados para el diseño.

Tabla III.2.3.: *Valores de diseño para el tiempo de retención*

	F. primario	**F. activos**	**F. mixtos**	**F. aireación prolongada**	**F. estabilización aerobia**
Tiempo de retención (horas)	≥24	≥24	≥24	≥24	≥24

E) Concentración del fango espesado

La tabla siguiente muestra los valores de la concentración de fango normalmentre conseguido mediante un proceso de espesado por gravedad.

Tabla III.2.4.: *Valores de diseño para la concentración del fango espesado*

	F. primario	**F. activos**	**F. mixtos**	**F. aireación prolongada**	**F. estabilización aerobia**
Concentración (%)	8-10	2-3	4-7	2-3	2,5-3,5

2.2. Caso práctico de dimensionamiento

DATOS DE DISEÑO:

Se dimensionará un espesador de gravedad únicamente para los fangos primarios. Los datos de diseño son por tanto:

- Cantidad de fango a espesar

F1 (SST) = 1.342 kg/d

– Concentración en entrada

$C_{F1} = 3\% = 30\ kg/m^3$

Adoptamos los siguientes parámetros de diseño obtenidos de las tablas del apartado teórico:

– Concentración de salida del espesador

$C_{FEG} = 8\% = 80\ kg/m^3$

– Carga hidráulica máxima:

$C_{H\ (EG)} = 1{,}0\ m^3/m^2\ h$

– Carga de sólidos máxima

$C_{SOL\ (EG)} = 110\ kg\ /\ m^2\ d$

– Tiempo mínimo de retención

$t_{R\ (EG)} = 24\ h$

– Tiempo operación del bombeo de fangos

$t_{BF1} = 8\ h/día$

CALCULOS:

1. Volumen necesario

$$V_{EG} = \frac{F1_{(SST)} \cdot t_{R(EG)}}{C_{F1} \cdot 24} = \frac{1.342 \cdot 24}{30 \cdot 24} = 44{,}73\ m^3$$

2. Cálculo de la superficie necesaria

El caudal diario bombeado de fango será:

$$Q_{BF1} = \frac{F1(SST)}{C_{F1}} = 44{,}73\ m^3/d$$

y como se ha establecido que este caudal será introducido al espesador en 8 horas, el caudal horario introducido será:

$$\frac{44{,}73}{8} = 5{,}59\ m^3/h$$

La superficie necesaria será entonces:

$$A_{EG} = \frac{Q_{BF1}\ (m^3/h)}{C_{H(EG)}} = \frac{5{,}59}{1{,}0} = 5{,}59\ m^2$$

Adoptamos 1 unidad circular de diámetro 3,0 m:

$$A_{real} = \pi \cdot \frac{\phi^2}{4} = \pi \cdot \frac{3{,}0^2}{4} = 7{,}07\ m^2$$

3. Comprobación de la carga de sólidos

$$C_{SOL(EG)} = \frac{F1_{(sst)}}{A_{real}} = \frac{1342}{7{,}07} = 189{,}85\ Kg/m^2 \cdot d$$

Este valor es superior al valor de diseño adoptado por lo que es necesario ampliar la superficie.

Nueva superficie:

$$\text{Nueva} \quad A_{EG} = \frac{F1(SST)}{C_{SOL(EG)}} = \frac{1.342}{110} = 12{,}2\ m^2$$

4. Dimensiones unitarias

Calculamos la altura.

$$h = \frac{V_{EG}}{A_{EG}} = \frac{44{,}73}{12{,}2} = 3{,}66\ m$$

Esta altura es superior a los 3,5 m recomendados por lo que, ajustando la altura a 3,5 m, obtenemos las siguientes dimensiones unitarias:

h = 3,50 m

$$A_{EG} = \frac{44{,}73}{3{,}5} = 12{,}78\ m^2$$

Adoptamos una unidad circular de 4,20 m de diámetro.

$$A_{EG\ real} = \pi \cdot \frac{4{,}2^2}{4} = 13{,}85\ m^2$$

$$V_{EG} = 3{,}5 \cdot 13{,}85 = 48{,}49\ m^3$$

5. Comprobaciones

Tiempo de retención:

$$t_{V\,(EG)} = \frac{V_{EG} \cdot C_{F1} \cdot 24}{F1\,(SST)} = 26{,}01\,h$$

Carga hidráulica:

$$C_{H\,(EG)} = \frac{Q_{BF1}}{A_{EG}} = \frac{5{,}59}{13{,}85} = 0{,}40\,m^3\,/\,m^2\;\;h$$

Carga sólidos:

$$C_{SOL\,(EG)} = \frac{F1(SST)}{A_{EG}} = \frac{1.342}{13{,}85} = 96{,}89\,kg\,/\,m^2\;\;h$$

3. ESPESAMIENTO POR FLOTACIÓN

3.1. Conceptos teóricos

3.1.1. Consideraciones generales

Los fangos procedentes del tratamiento biológico, los fangos en exceso, se espesan normalmente mediante el sistema de flotación, debido al bajo peso específico de los flóculos, elevada septicidad y débil característica de compactación.

El sistema se basa en que cuando se introduce aire a presión en un líquido con cierto contenido de sólidos, parte de las burbujas de aire se fijan a estos elementos sólidos y debido a la menor densidad del agregado tienden a flotar.

La mayor o menor facilidad para que se produzca la flotación es función de los siguientes factores:

a) **Afinidad del aire a la partícula.** Para que se lleve a cabo la flotación de partículas sólidas más densas que el agua, es preciso que la adhesión de las partículas a las burbujas de aire sea mayor que la tendencia que aquellas tienen a establecer contacto con el agua. Por lo tanto, las partículas hidrófilas tendrán menos afinidad a las burbujas de aire que las partículas hidrófobas

b) **Densidad de la partícula.** La flotación es más fácil en partículas con densidad muy próxima a la del agua. Cuanto mayor sea la densidad, mayor será la cantidad de aire que debe adherirse a ella para poder provocar la flotación,

c) **Diámetro de la partícula.** Cuanto mayor sea el diámetro es necesario más aire adherido a la partícula.

Por otra parte el tamaño de la burbuja de aire afecta de modo importante a la eficacia de la flotación, por diversos motivos:

a) El rendimiento de la adherencia de las burbujas a la partículas es función del tiempo que dichas burbujas se mantienen en la suspensión y la oportunidad de contactos con dichas partículas. Por lo tanto, cuanto menor sea el diámetro de las burbujas, menor será la velocidad ascensional de las mismas y mayor tiempo de retención tendrán. Así por ejemplo, una burbuja de 20 micras de diámetro tiene una velocidad ascencional de un milímetro por segundo, mientras que una de un milímetro de diámetro tiene una velocidad del orden de los 100 milímetros por segundo.

b) Cuanto mayor es el tamaño de la burbuja mayor será la necesidad del caudal de aire a introducir para conseguir una equipartición en el tanque de flotación.

c) El tamaño de las burbujas influye en la turbulencia en el tanque, produciendo mayor turbulencia a mayor tamaño, reduciendo la eficacia de la flotación.

El sistema más utilizado en el proceso de flotación de fangos en estaciones depuradoras es el de presurización.

La producción de aire en este sistema consiste en disolver aire en un líquido bajo una presión de varias atmósferas y a continuación, liberarlo hasta la presión atmosférica, con lo que el aire disuelto forma microburbujas que se adhieren a las partículas sólidas.

La solubilidad del aire en un líquido depende de la temperatura y de la presión. Para una determinada temperatura la concentración de aire disuelto en el líquido varía con la presión según la ley de Henry, por lo cual la concentración de saturación del aire en el agua a una presión P viene dada por la ecuación:

$$C_P = P \cdot C_a$$

siendo C_a la concentración de saturación a la presión atmosférica.

El porcentaje de concentración de aire en el líquido respecto de la saturación varía en función del sistema de presurización adoptado. El sistema que consigue una mayor saturación y estabilidad es el que se realiza inyectando aire en un balón de presurización.

La presurización puede conseguirse de dos formas:

1) **Presurización directa total o parcial.** Se presuriza todo o parte del caudal de fangos.

2) **Presurización indirecta.** Se presuriza agua clarificada, ya sea del propio efluente del espesador o del agua clarificada en el decantador secundario.

   La presurización directa es menos aconsejable que la indirecta debido a los riesgos de obstrucción en los equipos de presurización además de que la turbulencia generada en el balón de presurización al poner en contacto directo el aire a presión con los fangos puede destruir los flóculos. Es empleado normalmente en pequeñas instalaciones.

Los equipos fundamentales de que consta una flotación por aire disuelto mediante presurización son los siguientes:

- **Bomba de presurización.** Las bombas deben tener como característica principal la de uniformidad de presión dentro de rango amplio de caudales.

- **Depósito de presurización.** Consta de un balón o depósito a presión donde se produce la disolución del aire comprimido y del agua o fango a presurizar. El sistema de mezcla debe asegurar el contacto de la mayor superficie de fluido con el aire para conseguir la concentración del aire en el agua lo más próxima a la saturación

- **Sistema de inyección de aire.** Este sistema se regula mediante presostato en un rango apropiado a la presión deseada en el depósito de presurización.

- **Válvulas reductoras de presión.** El fluido presurizado se introduce en el tanque de flotación y con objeto de formar la microburbujas sin crear turbulencias en el volumen de agua del tanque, es necesario crear una pérdida de carga en la corriente de agua presurizada. Esta rotura de carga se realiza mediante las válvulas adecuadas con el objetivo de que la presión del liquido presurizado que se introduce en el flotador sea constante e igual a la presión atmosférica más la presión de la columna de agua existente entre el punto de introducción y la superficie del liquido en el tanque.

- **Tanque de flotación.** Este puede ser de forma rectangular o circular, siendo éste último el más utilizado en estaciones depuradoras de aguas residuales. Un grupo de accionamiento compuesto por un motorreductor actúa sobre unas rasquetas. Las rasquetas superficiales, empujan los fangos hacia un canal o tolva de recogida de fangos, de longitud aproximada igual a la mitad del radio con una rampa de carga que engarza con el sistema de rasquetas superficiales. La profundidad debe ser ligeramente por debajo del nivel en el tanque para asegurar la recogida de la zona superior más concentrada del lecho de fangos.

  Un esquema de este tipo de tanques puede verse en la figura siguiente:

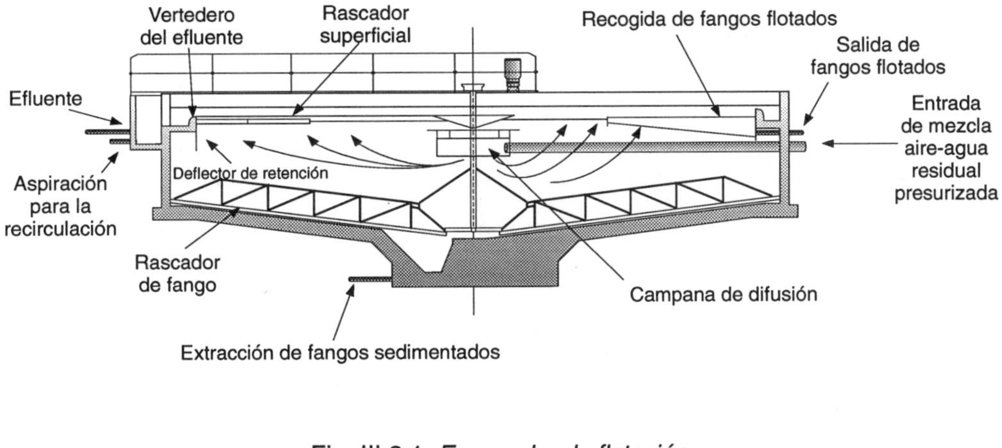

Fig. III.3.1. *Espesador de flotación*

La alimentación esta constituida por una campana de reparto que tiene por objeto lograr un reparto homogéneo y una tranquililzación de la mezcla.

Las rasquetas de fondo tienen la misión de recoger los fangos no flotables y conducirlos hacia una pequeña tolva central desde donde son extraídos periódicamente.

Los fangos espesados y los flotados se mezclan en una cámara provista de agitador para seguir la línea de tratamiento dispuesta.

El liquido clarificado se recoge por rebose en un vertedero perimetral. La toma se debe alejar del fondo de forma que no le afecte los fangos que puedan depositarse. Generalmente se efectúa a través de un tabique deflector en forma de sifón.

3.1.2. Parámetros de diseño

A) Dosificación de polielectrolito

La dosificación de polielectrolito debe ser considerada sobre todo por la adaptabilidad de la instalación a variaciones de cargas y cuando el índice volumétrico de fangos es elevado (por encima de 200).

B) Carga de sólidos

La carga de sólidos, definida como la relación entre la cantidad de sólidos y la superficie del flotador tiene una gran importancia en el funcionamiento de la unidad.

Los valores recomendados para el diseño son:

Carga de sólidos ($m^3/m^2 \cdot h$): 75-100 $kg/m^2 \cdot d$

C) Carga hidráulica

Cuando la carga hidráulica, es decir, la relación entre el caudal total introducido en el flotador y el área del mismo, es elevada, generalmente superior a 25 m^3/m^2.dia pueden originarse turbulencias que afectan a la capa de fangos flotantes haciéndola inestable. Por encima de este valor debe adicionarse polielectrolito.

Los valores recomendados para el diseño son:

Carga hidráulica : 3-5 $m^3/m^2 \cdot h$

D) Relación Aire/Fango

El parámetro fundamental en la flotación es el que relaciona el aire utilizado y los sólidos en la alimentación, la relación A/S. Este parámetro regula el rendimiento obtenido además de las siguientes variables:

- Concentración de materia en suspensión en el efluente.

- Velocidad ascensional de la materia flotante.

Los valores recomendados para el diseño son:

Relación A/S (kg.aire/kg. fango): 0,01-0,06

E) Concentración del fango espesado

En el espesamiento de fangos biológicos, los rendimientos de la flotación oscilan entre el 3 y el 4% de concentración del fango, con una recuperación elevada de los sólidos, del orden de 85%. Utilizando polielectrolito se puede llegar a concentraciones del 6% y recuperación de sólidos hasta el 95%.

F) Tiempo de retención

Los valores normalmente adoptados en este tipo de instalaciones oscilan entre 20 y 80 min.

3.2. Caso práctico de dimensionamiento

DATOS DE DISEÑO:

Se dimensionará un espesador de flotación para los fangos biológicos producidos en el proceso de fangos activos de media carga calculado en el apartado 6.1. Los datos de diseño son por tanto:

- Cantidad de fangos a espesar:

$P_{X\,(SST)} = 663$ kg. SST/d

- Concentración de entrada:

$C_{F2} = 0{,}8\ \% = 8\ kg/m^3$

Adoptamos los siguientes parámetros de diseño obtenidos de las tablas del apartado teórico:

- Concentración de salida del flotador

$C_{FEF} = 4\% = 40\ kg/m^3$

- Carga de sólidos de diseño:

$C_{SOL\,(EF)} = 100\ kg/m^2 \cdot d = 4\ kg/m^2\ h$

- Carga hidráulica de diseño

$C_{H\,(EF)} = 3\ m^3/m^2\ h$

– Tiempo mínimo de retención

$t_{R\ (EF)} = 1\ h$

– Tiempo de operación del bombeo de fangos

$t_{BF2} = 16\ h/día$

CALCULOS

1. Cálculo del caudal de sólidos a espesar

El caudal de diseño bombeado de fangos será:

$$Q_{BF2} = \frac{P_X(SST)}{C_{F2}} = \frac{663}{8} = 82{,}87\ m^3/d$$

como se ha establecido que este caudal será introducido al espesador en 16 horas, el caudal horario introducido será:

$$\frac{82{,}87}{16} = 5{,}18\,m^3/h$$

2. Cálculo de la recirculación

Se adopta un caudal de recirculación del 200% sobre el caudal medio, a una presión de 6 kg/cm^2.

$$Q_r = 2 \cdot Q_{BF2} = 2 \cdot 5{,}18 = 10{,}36\ m^3/h$$

3. Cálculo de la superficie necesaria

$$A_{EF} = \frac{Q_{BF2} + Q_r}{C_{H(EF)}} = \frac{5{,}18 + 10{,}36}{3} = 5{,}18\,m^2$$

Se adopta un espesador de flotación de 2,6 m de diámetro con una superficie;

$$A_{real} = \pi \cdot \frac{\phi^2}{4} = \pi \cdot \frac{2{,}6^2}{4} = 5{,}31\,m^2$$

4. Comprobación de la carga de sólidos

$$C_{SOL(EF)} = \frac{P_X(SST)}{A_{real} \cdot 16\ h/día} = \frac{663}{5{,}31 \cdot 16} = 7{,}8\ kg/m^2\ h$$

Este valor es superior al valor de diseño adoptado por lo que es necesario ampliar la superficie.

Nueva superficie:

$$\text{Nueva } A_{EF} = \frac{P_X(SST)}{C_{SOL(EF)}} = \frac{663}{4 \cdot 16} = 10{,}36\, m^2$$

Adoptamos una unidad circular de 3,8 m de diámetro

5. Dimensiones unitarias

Adoptamos la altura sobre vertedero máxima recomendada:

h = 3,00 m

$$A_{EF} = \pi \cdot \frac{3{,}8^2}{4} = 11{,}34\, m^2$$

$$V_{EF} = 3 \cdot 11{,}34 = 34{,}02\ m^3$$

6. Comprobaciones

Tiempo de retención:

$$t_{R\,(EF)} = \frac{V_{EF}}{Q_{BF2} + Q_r} = \frac{34{,}02}{5{,}18 + 10{,}36} = 2{,}19\, h$$

Carga hidráulica:

$$C_{H\,(EF)} = \frac{Q_{BF2} + Q_r}{A_{EF}} = \frac{5{,}18 + 10{,}36}{11{,}34} = 1{,}37\, m^3 / m^2 \;\; h$$

Carga sólidos:

$$C_{SOL\,(EF)} = \frac{P_X(SST)}{A_{EF} \cdot 16} = \frac{663}{11{,}34 \cdot 16} = 3{,}65\, kg / m^2 \;\; h$$

7. Relación Aire / Sólidos:

Adoptamos una relación A/S : 0,04 kg aire / kg fango

Los kg de fango que se introducen cada hora son:

$$5{,}18\left(\frac{m^3}{h}\right)\cdot 8\left(\frac{kg}{m^3}\right)=41{,}4\ kg/h$$

$Q_{aire} = 0{,}04 \cdot 41{,}44 = 1{,}6$ kg/h

8. Calderín de presurización

Adoptamos 1 unidad.
Tiempo de retención: 1,5 min sobre caudal recirculación
Volumen necesario de calderín

$$V_{calderín}=\frac{Q_r}{60}\cdot 1{,}5=\frac{10{,}36}{60}\cdot 1{,}5=0{,}26\,m^3$$

Presión de trabajo: 4,5 kg/cm^2
Presión de diseño: 7 kg/cm^2
Diámetro de calderín: 0,60 m
Altura del calderín: 1m
Volumen real del calderín: 0,28 m^3

4. ESTABILIZACIÓN AEROBIA

4.1. Conceptos teóricos

4.1.1. Consideraciones generales

La digestión aerobia es un proceso biológico en el que se obtiene la oxidación de las materias biodegradables contenidas en los fangos así como de la masa celular. Se basa en el principio de que cuando no existe alimento externo disponible, los microorganismos metabolizan su propia masa celular, fenómeno que se conoce como respiración endógena.

Así los digestores aerobios funcionan según el principio de aireación prolongada, en la modalidad de respiración endógena. Se trata, pues, de la aireación continua del fango, sin añadir más alimento que el propio fango, hasta conseguir una destrucción muy elevada de los sólidos en suspensión volátiles.

Las principales ventajas de este método de estabilización son las siguientes:

- Buena reducción de sólidos volátiles (similar a la digestión anaerobia)
- Reducidas concentraciones en DBO_5 del sobrenadante obtenido
- Minimización del problema de olores en el producto digerido
- Obtención de un producto con gran valor desde el punto de vista agrícola.

Entre los grandes inconvenientes están:

- El fango así estabilizado resulta más difícil de deshidratar.
- Elevados costes de mantenimiento debido a la gran incidencia del gasto energético. Este punto es especialmente importante y el que hace que este tipo de estabilización tenga solo interés en pequeñas instalaciones.

4.1.2. Sistemas de funcionamiento

I) Sistema "Batch Operation".

En este caso se permite una separación sólido-liquido parando intermitentemente el sistema de aireación. Después de este periodo de decantación, suficientemente corto para evitar problemas de septicidad, se elimina por una parte el sobrenadante y por otra los fangos ya estabilizados.

La concentración del fango extraído por este sistema suele estar entre el 2 y el 4%.

Este sistema se utiliza principalmente en pequeñas instalaciones.

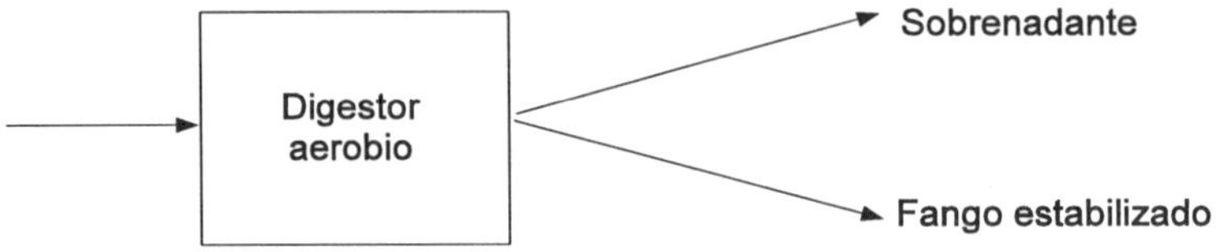

Fig. III.4.1. *Esquema sistema operación "batch"*

II) Sistema de operación continua con o sin recuperación

En este caso el digestor trabaja a nivel constante ya que el sobrenadante sale de un espesador y no de la cuba de estabilización.

El sistema puede operarse con o sin recirculación de parte de los fangos espesados al digestor según se indica en las figuras.

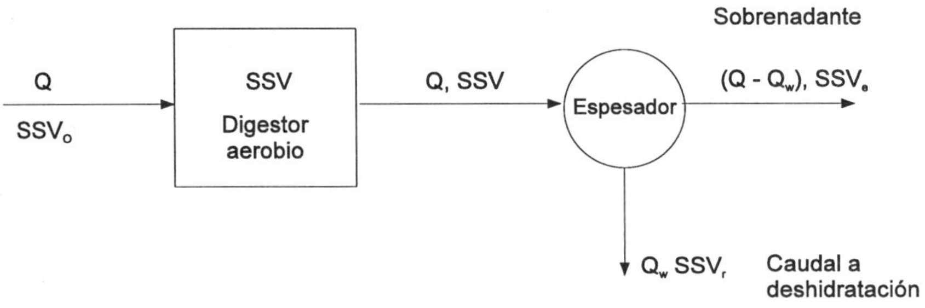

Fig. III.4.2. *Esquema sistema de operación continua sin recirculación*

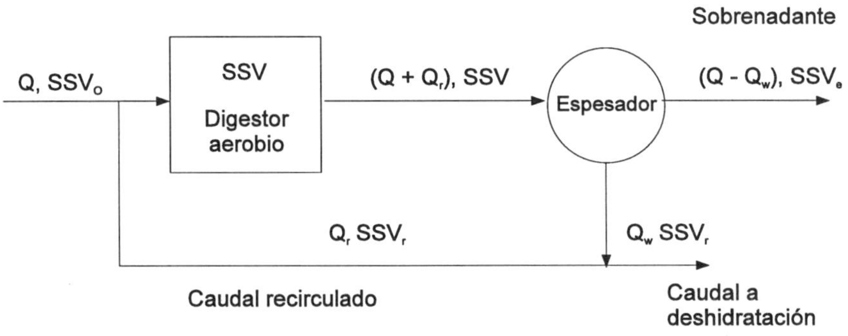

Fig. III.4.3. *Esquema sistema de operación continua con recirculación*

III) Sistema con pre-espesado

Se utiliza normalmente con el sistema de digestión aerobia auto-termofílica. Los fangos se espesan previamente hasta alcanzar una concentración superior al 4%, según se muestra en el esquema adjunto.

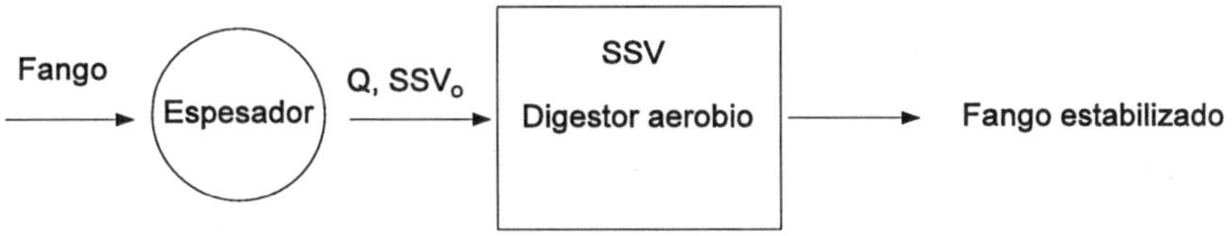

Fig. III.4.4. *Esquema sistema de operación con pre-espesado*

Se llama auto- termofílica ya que el calor liberado en la degradación biológica de los sólidos orgánicos es suficiente para elevar la temperatura del líquido en el digestor hasta 60 °C. Las ventajas que ofrece este sistema son:

- Elevados rendimientos en la eliminación de sólidos orgánicos, lo que implica menores volúmenes de cuba
- Producción de un fango pasteurizado
- Consumo de oxígeno inferior en un 30-40%

Las principales desventajas son que al incorporar un proceso previo de espesamiento se requieren mayores potencias para la mezcla, sistemas de aireación extremadamente eficientes y tanques aislados.

4.1.3. Sistemas de aireación

Los principales sistemas de aireación son por difusión y mediante aireadores superficiales, pudiéndose también hablar de aireadores sumergidos.

a) Sistemas de difusión

Dentro del sistema de difusión se pueden diferenciar las burbujas finas y las gruesas con los siguientes rendimientos de transferencias (relación de oxigeno transferido a oxigeno generado)

- para las burbujas finas del 9-12 %
- para las burbujas gruesas del 5-7 %

Entre las ventajas de este tipo de sistemas pueden citarse:

- La transferencia de oxígeno puede controlarse fácilmente.
- Las espumas en el tanque no afectan a la capacidad de oxigenación.
- Se incrementa la temperatura del digestor.

Entre los inconvenientes.

- Requiere un adecuado mantenimiento derivado de la posibilidad de atascamiento de los difusores.

b) Aireadores superficiales.

Las principales ventajas son su bajo mantenimiento y su elevada capacidad de transferencia, mientras que sus inconvenientes son:

- Menor control sobre la oxigenación salvo instalación de motorreductor de velocidad variable.
- El rendimiento puede verse afectado por espumas y flotantes.
- Posibles problemas en tiempos y zonas frías.

c) Aireadores sumergidos.

Sus principales ventajas son:

- Buen control de oxigenación variando el suministro de aire a la turbina.
- La capacidad de oxigenación no se ve alterada por las espumas.
- Insensible a la variación de nivel.
- No hay problemas de hielo en invierno.

El principal inconveniente de estos dispositivos es que su coste suele ser más elevado que en el caso de las turbinas.

4.1.4. Parámetros de diseño

A) Cantidad y características de los fangos

a) Procedencia de los fangos a digerir

Pueden ser biológicos o fangos mixtos. Los fangos mixtos presentan los siguientes inconvenientes:

- Mayor volumen de fangos y por tanto, mayores necesidades de tanque de estabilización.

- Mayores necesidades de oxígeno, ya que los fangos biológicos están ya en parte estabilizados, y los primarios requieren pasar por las dos fases de crecimiento y respiración endógena.

- Mayor potencia de agitación por necesidades de mezcla, ya que tienen mayor concentración los mixtos, que los secundarios.

- Necesitan más tiempo de estabilización.

b) Contenido de materias volátiles.

El objetivo de la digestión aerobia es precisamente estabilizar en parte la materia volátil presente en los fangos. Como orientación puede suponerse, que para los fangos primarios, éstas representan 2/3 de los sólidos sedimentables, mientras que para los fangos biológicos es función la carga másica o tiempo de retención celular, de modo que cuanto mayor es éste, el % de volátiles disminuye.

B) Tiempo de retención hidráulica.

Se define como el tiempo medio de estancia del caudal de fango, en el tanque de estabilización:

$$t_R = \frac{Volumen\ de\ estabilización}{Caudal\ diario\ de\ fango\ que\ entra\ en\ la\ cuba}$$

En cuanto a la influencia del tiempo de retención en el rendimiento de la estabilización, puede afirmarse que a igualdad de los demás factores, la reducción de las materias volátiles (es decir, el rendimiento) es más elevado, cuanto mayor sea el tiempo de retención.

La función que rige este proceso es del tipo exponencial decreciente.

El tiempo de retención está relacionado con la temperatura de los fangos según se indica en el apartado G). Según esto, el CEDEX da los siguientes valores recomendados para el diseño:

Tabla III.4.1.: *Tiempos de retención de diseño recomendados*

Procedencia del fango	**Tiempo de retención**	
	Temp. media>15° C	**Temp. media<15° C**
Fangos biológicos	12 días	15 días
Fangos mixtos (primarios + biológicos)	15 días	18 días

El proceso de cálculo seguido habitualmente, consiste en una vez fijado el rendimiento que se desea obtener, se selecciona el tiempo de retención necesario, el cual nos servirá para fijar el volumen del tanque, una vez conocido el caudal de fangos a estabilizar.

C) Edad del fango

Se define como la estancia media del fango en el sistema.

Matemáticamente se obtiene por la relación, entre el peso de la materia volátil en la cuba de estabilización y el peso de materia volátil extraída por día.

Según cual sea el esquema de funcionamiento de la digestión, variará la expresión de la edad del fango.

a) Sistema batch

En este caso, el tiempo cronológico, coincidirá con el tiempo de retención hidráulico y edad del fango.

$$t = t_R = \theta_C$$

b) Sistema continuo sin recirculación

$$\vartheta_C = \frac{V \cdot SSV}{(Q - Q_W) \cdot SSV_e + Q_w \cdot SSV_r} = \frac{V \cdot SSV}{Q \cdot SSV} = \frac{V}{Q} = t_R$$

En este caso, el tiempo de retención hidráulico y la edad del fango coinciden

c) Sistema continuo con recirculación

$$\vartheta_C = \frac{V \cdot SSV}{(Q - Q_W) \cdot SSV_e + Q_w \cdot SSV_r}$$

Despreciando la cantidad de sólidos que salen en el sobrenadante del espesador, ya que su concentración es muy pequeña comparada a la de los fangos extraídos, la expresión se transforma en:

$$\vartheta_C = \frac{V}{Q_W} \cdot \frac{SSV}{SSV_r}$$

Del equilibrio en el espesador:

$$(Q+Q_r)\ SSV = (Q_r + Q_w)\ SSV_r$$

Finalmente, se obtiene:

$$\vartheta_C = \frac{V}{Q_W} \cdot \frac{Q_r + Q_W}{Q + Q_r}$$

En este caso, la edad del fango es bastante superior al tiempo de retención hidráulico.

Ya que es la edad del fango quien determina el rendimiento de la estabilización, el sistema de recirculación nos permite menores volúmenes del digestor que en el caso de ausencia de recirculación, con la misma edad del fango.

D) Carga de trabajo

Se define como la cantidad de materia volátil diaria, que se introduce en el digestor por metro cúbico del mismo.

$$C_T = \frac{Q \cdot SSV_O}{V} = \frac{SSV_O}{t_R} \left(\frac{kg.SSV}{m^3 \cdot día}\right)$$

Los valores de diseño recomendados por el CEDEX para la carga de trabajo son:

Fangos biológicos $\leq 2 \left(\frac{kg.SSV}{m^3 \cdot día}\right)$

Fangos mixtos (primarios + biológicos) $\leq 3 \left(\frac{kg.SSV}{m^3 \cdot día}\right)$

E) Temperatura del fango

La temperatura es un factor muy importante a tener en cuenta ya que el rendimiento en la reducción de sólidos volátiles disminuye mucho cuando baja la temperatura, por ejemplo, mientras que a igualdad del resto de los parámetros, a 5 °C se alcanza un rendimiento del orden del 18%, a 20 °C la reducción de sólidos volátiles puede llegar al 37% ó más.

Para reducir los efectos de las bajas temperaturas se puede recurrir a incrementar la cantidad de sólidos en digestión lo que implica una mayor edad del fango y por tanto un mejor rendimiento.

Ahora bien esto se puede conseguir, bien incrementando la concentración de los sólidos o bien aumentando el volumen de la digestión. De esta manera cuando la incidencia de los meses de invierno es muy importante se recurre a diseñar la cuba en las peores condiciones de temperatura para un rendimiento de eliminación de volátiles fijo.

En zonas frías se recomienda, a veces, la utilización del sistema de aireación por difusión de aire ya que al venir este comprimido, su temperatura es algo mayor y produce un cierto efecto de compensación.

F) Necesidades de oxígeno y mezcla

Necesidades de oxígeno

En la digestión aerobia la cantidad de oxígeno consumida se determina en función de los sólidos volátiles destruidos.

La conversión de la materia orgánica en agua y amoniaco requiere 1,42 kg.O_2 y la nitrificación requiere una cantidad adicional de 0,56 kg.O_2, según las ecuaciones siguientes:

I) $C_5 H_7 O_2 N + 5 O_2 \longrightarrow 5 CO_2 + 2 H_2O + NH_3 +$ energía
II) $C_5 H_7 O_2 N + 7 O_2 \longrightarrow 5 CO_2 + 3 H_2O + H^+ + NO_3 +$ energía

Las necesidades totales, por tanto se estiman en 2 kg, O_2 por kg de materia volátil destruida (recomendaciones de la EPA)

Ahora bien, esto implica el conocimiento de la materia volátil de entrada en la estabilización, además de un conocimiento exacto de la reducción de los SSV, lo que a veces es difícil dado su gran variabilidad según la temperatura, edad del fango, etc con que estemos trabajando. Además es necesario conocer el contenido de volátiles del fango biológico lo que a su vez dependerá de las condiciones de operación del propio proceso (Carga másica, etc.) y tener en cuenta que cuando se trata de un fango mezcla el porcentaje de volátiles en los sólidos en suspensión es diferente para los fangos primarios que para los biológicos.

Por todo ello existen autores que prefieren recurrir a determinar las necesidades de oxígeno en función de la DBO_5 o incluso otros que utilizan un sistema combinado de los dos, cuando se tienen fangos primarios.

En nuestro caso utilizaremos para el diseño los siguientes valores recomendados por el CEDEX.

- para fangos biológicos $\geq$ 2 kg O_2 / kg SSV reducidos
- para fangos mixtos $\geq$ 2 kg O_2 / kg SSV reducidos
  + 1,8 kg. O_2 / kg DBO_5.en fangos primarios

Coeficiente de transferencia

De forma similar a lo explicado en el apartado II.6, debe considerarse para el cálculo de la oxigenación real un coeficiente de transferencia de oxígeno. En el caso de la digestión aerobia, éste suele ser algo menor que en el caso de la aireación principal debido fundamentalmente a la mayor concentración de sólidos.

Se pueden hacer además las siguientes afirmaciones de forma general:

- El coeficiente de transferencia es menor cuando se tratan fangos mixtos
- El coeficiente de transferencia es menor en el caso de aireación por difusión que con turbinas.

Necesidades de mezcla

Al igual que en el caso de la aireación normal, se necesita una determinada potencia de agitación para lograr una uniformidad en oxígeno, temperatura, nutrientes, etc, en toda la cuba que permita un mejor desarrollo celular.

Dicha potencia dependerá fundamentalmente de:

- Geometría del tanque
- Sistema de aireación empleado
- Tipo de fangos a digerir (biológicos o mixtos).

A continuación se incluyen algunas recomendaciones encontradas en la literatura técnica.

- Para aireadores superficiales:

  Fango biológico: 30 W/m^3
  Fango mixto: 40-45 W/m^3

- Para sistemas de difusión;

  20-30 m^3 de aire/minuto por 1.000 m^3 de balsa

G) Rendimiento o estabilización de materia orgánica

La reducción de la materia volátil en el digestor aerobio, objetivo básico del mismo, sigue una ley del tipo:

$$\frac{d(SSV)}{dt} = \frac{dS}{dt} - Kd(SSV)$$

Como ya se ha expuesto, en el caso de la digestión aerobia, no existe prácticamente alimento "S" y por tanto dicho término dS/dt, puede despreciarse, de modo que el segundo término, de la respiración endógena es el que manda en este caso, quedando la ecuación anterior transformada en

$$\frac{d(SSV)}{dt} = -Kd(SSV)$$

Ecuación de primer orden de fácil integración, en la que cabe hacer la siguiente observación:

La constante Kd no es tal, ya que depende de:

- La edad del fango θ_C
- La temperatura del mismo, según la ley $Kd_T = Kd_{20} \cdot \vartheta^{(T-20)}$
- Concentración de los sólidos volátiles, SSV.

Los rendimientos serán, según el tipo de proceso los siguientes:

a) Sistema Batch

Cuando el sistema de digestión sea en Batch (donde $t_R = \theta_C$), el valor de la concentración de materia volátil una vez digerida será:

$$SSV = SSV_0 \cdot e^{-Kd \cdot t}$$

b) Flujo continuo

En los digestores con flujo continuo, la ecuación que rige la digestión es:

$$\frac{Q(SSV_0 - SSV)}{V} = Kd(SSV)$$

Despejando SSV se obtiene:

$$SSV = \frac{SSV_0}{1 + Kd \cdot \left(\frac{V}{Q}\right)} = \frac{SSV_O}{1 + Kd \cdot t_R}$$

Es decir que la reducción de materia volátil aumenta con el tiempo de retención t_R, y con la constante de respiración endógena, Kd.

Denominando η, el rendimiento en la eliminación de materia orgánica, resulta:

$$\eta = 1 - \frac{SSV}{SSV_0} = \frac{1}{1 + \frac{1}{Kd \cdot t_R}}$$

Los valores normales para Kd oscilan entre 0,05 y 0,1.

Otra forma de representar el rendimiento de la digestión, es en función del parámetro T x θ_C., según la figura adjunta:

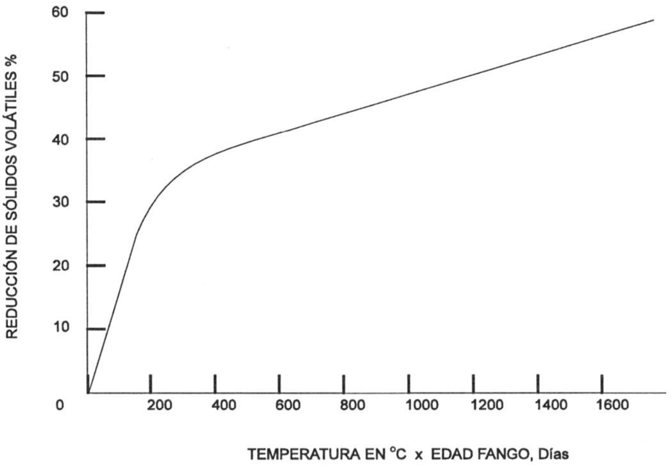

Fig. III.4.5. *Reducción de sólidos volátiles en la digestión aerobia*

4.1.5. Otras consideraciones de diseño

Además de las recomendaciones indicadas en los apartados anteriores, conviene tener en cuenta a la hora de diseñar y explotar un digestor aerobio los siguientes aspectos:

- El depósito debe proyectarse con la guarda hidráulica suficiente para evitar salpicaduras y proyección de fango, especialmente en el caso de utilización de turbina. (Normalmente se adopta 1 m)

- En el caso de la utilización de aireadores superficiales, cuando la profundidad de las cubas de aireación sea superior a 3,5 m. se recomienda la instalación de chimeneas de aspiración.

- La concentración de sólidos a mantener en el digestor no debe ser superior al 2,5% (25 Kg/m^3)

- La concentración mínima de oxígeno a mantener en condiciones de operación en el tanque debe ser $\geq$ 2 mg/l

4.2. Caso práctico de dimensionamiento

DATOS DE DISEÑO:

Fangos procedentes de decantación primaria:

- F1 (SSV) = 881 kg. SSV/d
- F1 (SST) = 1.342 kg. SST/d
- Concentración: C_{F1} = 3% = 30 kg/m^3

Fangos en exceso o fangos biológicos

- Px (SSV) = 476 kg. SSV/d
- Px (SST) = 663 kg. SST/d
- Concentración: C_{F2} = 0,8% = 8 kg/m^3

Puesto que por razones de operación no interesa que la concentración de sólidos en un digestor aerobio sea superior al 2,5%, se supone para este ejemplo de dimensionamiento que los fangos no han sido espesados previamente en su bombeo al digestor aerobio.

Podemos hacer dos hipótesis de funcionamiento:

Hipótesis 1: Según el esquema siguiente, los fangos primarios y biológicos son bombeados independientemente al digestor. En este caso tendremos:

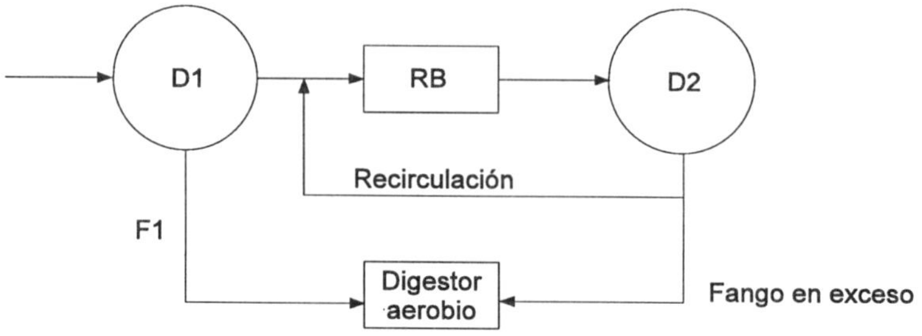

Fig. III.4.6. *Esquema de proceso Hipótesis 1*

Caudal de fango primario enviado a digestión:

$$\frac{1.342}{30} = 44{,}73 \frac{m^3}{d}$$

Caudal de fango en exceso enviado a digestión:

$$\frac{663}{8} = 82{,}87 \frac{m^3}{d}$$

Concentración conjunta:

$$\frac{1.342 + 663}{44{,}73 + 82{,}87} = 15{,}71 \frac{kg}{m^3} = 1{,}57\%$$

Hipótesis 2: Según el esquema siguiente, enviando los fangos secundarios en exceso al decantador primario, y purgando todos los fangos conjuntamente, podemos conseguir una concentración cercana al 2,5% (máxima deseable en el digestor aerobio).

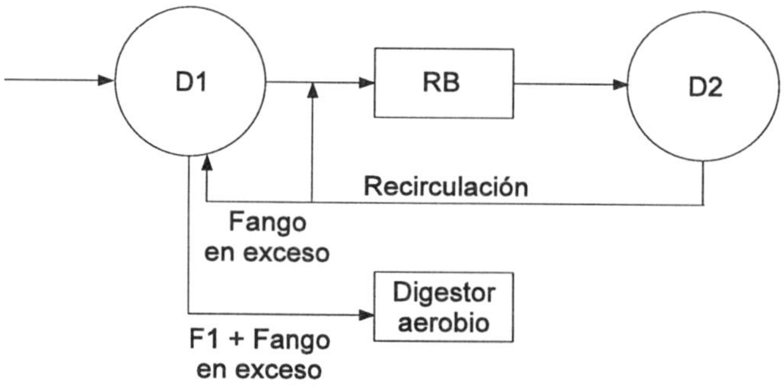

Fig. III.4.7. *Esquema de proceso Hipótesis 2*

Suponemos que purgamos al 2,3%
Caudal enviado a digestión:

$$\frac{1.342 + 663}{23} = 87,17 \frac{m^3}{d}$$

Elegimos para el diseño esta segunda opción y establecemos además las siguientes condiciones de funcionamiento:

- Sistema de operación
  Continuo sin recirculación
- Temperaturas máximas y mínimas del líquido
  - 15 °C en invierno
  - 22 °C en verano
- Reducción de sólidos volátiles exigida
  40%
- Sistema de aireación
  Turbinas superficiales

CALCULOS:

1. Cálculo de la edad del fango

Para conseguir una reducción de SSV del 40% en invierno, obtenemos entrando en la gráfica III.4.5., el valor:

Temperatura x edad del fango = 470 (°C x días)
Luego, para la temperatura invernal T = 15 ºC

Edad del fango: $\vartheta_C = \frac{470}{15} = 31,3\, d$

2. Cálculo del rendimiento en reducción de SSV

a) Condiciones de invierno
Se ha fijado un rendimiento del 40%, luego
kg. SSV eliminado diariamente = $(881 + 476) \cdot 0,4 = 542,8\, kg./d$

b) Condiciones de verano
Durante el verano la temperatura del líquido es de 22 °C, calculando el valor de:
Temperatura x edad del fango = 22 x 31,3 = 688,6 (°C x días)
Entrando en la gráfica III.4.5. obtenemos una reducción del 44%, por tanto:
kg. SSV eliminado diariamente = $(881 + 476) \cdot 0,44 = 757,5\, kg./d$

3. Cálculo del volumen del digestor

$$V = \frac{Q_{dig} \cdot (CF_{dig} + DBO_{F1})}{X \cdot \left(Kd \cdot \frac{SSV}{SST} + \frac{1}{\vartheta_c} \right)}$$

Calculamos los parámetros necesarios:

- El caudal medio purgado a digestión:

$$Q_{dig} = 87{,}17 \frac{m^3}{d}$$

- La concentración de sólidos en la purga a digestión:

$$CF_{dig} = 23 \frac{kg}{m^3}$$

- La concentración de DBO_5 en el fango primario:

$$DBO_{F1} = 0{,}35 \cdot 237 = 22{,}95 \frac{mg}{l} = 0{,}083 \frac{Kg}{m^3}$$

- Concentración de sólidos en el digestor:

$$X = 22 \frac{kg}{m^3}$$

- Constante de reacción Kd:

  Como estamos en un sistema continuo sin recirculación, sabemos que el rendimiento viene dado por:

$$\eta = \frac{1}{1 + \frac{1}{Kd \cdot \vartheta_C}}$$

Despejando:

$$Kd = \frac{1}{\vartheta_C \cdot \left(\frac{1}{\eta} - 1 \right)} = 0{,}021$$

En condiciones de invierno, que es la situación más desfavorable

- Fracción volátil de los sólidos en el digestor:

$$\frac{SSV}{SST} = \frac{881 + 476}{1.342 + 663} = 0{,}67$$

– Edad del fango

$$\vartheta_C = 31{,}3 \text{ días}$$

Sustituyendo estos valores.

$$V = \frac{87{,}17 \cdot (23 + 0{,}083)}{22 \cdot \left(0{,}021 \cdot 0{,}67 + \dfrac{1}{31{,}3}\right)} = 1.987{,}47\ m^3$$

Se dispone de un tanque de dimensiones: 25 x 25 y 3,2 de profundidad al que se le añade un resguardo de 1 m para salpicaduras.

4. Comprobación del tiempo de retención

En un sistema continuo sin recirculación $t_R = \theta_C$, es decir:

$t_R = 31{,}3$ d > 15 días recomendados por el CEDEX

5. Comprobación de la carga de trabajo

$$C_{T\,(D.A)} = \frac{SSV_0}{V} = \frac{881 + 476}{1.987{,}47} = 0{,}68\ \frac{kg.SSV}{m^3 \cdot d} < 3$$

6. Necesidades de oxígeno

Al tratarse de fangos mixtos, el CEDEX establece la fórmula:

$$Oxígeno\ real = 2\ \frac{kg.O_2}{kg.SSV\ reducido} + 1{,}8\ \frac{kg.O_2}{kg.DBO_5 en\ fango\ primario} =$$

$$= 2 \cdot 0{,}4 \cdot (881 + 476) + 1{,}8 \cdot (0{,}35 \cdot 1.455{,}5) = 2.002{,}6\ \frac{kg.O_2}{d}$$

7. Potencia a instalar

Adoptamos una capacidad de transferencia de las turbinas de 1,3 kg. O_2/kwh

$$Pot = \frac{O.\ real\ (kg.O_2 / d)}{C.\ transf.\ (kg.O_2 / kwh) \cdot 24} = \frac{2.002{,}6}{1{,}3 \cdot 24} = 64{,}18\ kw$$

Se disponen 4 turbinas de 20 kw de potencia unitaria distribuidas según el esquema:

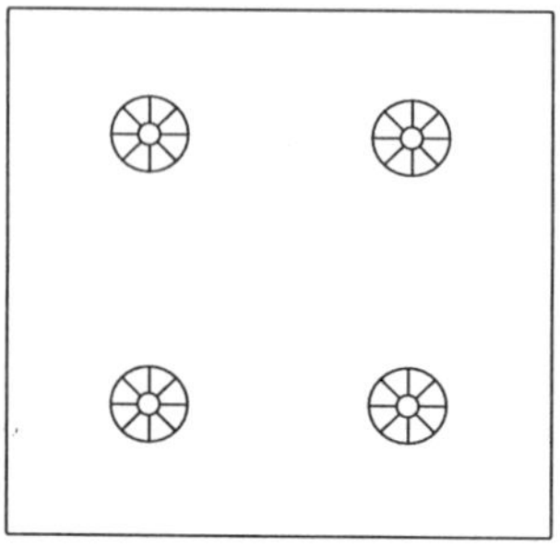

8. Comprobación de la potencia de agitación

$$Potencia\ agitación = \frac{Potencia\ instalada\,(W)}{Volumen\ tanque\,(m^3)} = \frac{4 \cdot 20 \cdot 1.000}{25 \cdot 25 \cdot 3{,}2} = 40\,\frac{W}{m^3}$$

Valor superior a los 30 W/m^3 recomendados por el CEDEX y por tanto válido.

5. DIGESTION ANAEROBIA

5.1. Conceptos teóricos

5.1.1. Descripción del proceso

La digestión anaeróbica de los fangos ha sido universalmente aceptada como el método más adecuado para obtener un producto final aséptico. La descomposición de la materia orgánica por las bacterias se realiza en ausencia de aire. El oxígeno necesario para su desarrollo lo obtienen del propio alimento.

La digestión es un proceso anaeróbico, en el que los materiales de descomposición pasan por tres procesos:

a) *Hidrólisis*: se produce por enzimas extracelulares que transforman compuestos de elevado peso molecular (carbohidratos, proteínas, aminoácidos...) en compuestos que pueden servir como fuente de energía y de carbono celular, siendo el producto final del proceso ácidos orgánicos volátiles.

b) *Acidogénesis*: es la conversión bacteriana de los compuestos producidos en la primera etapa en compuestos intermedios identificables de menor peso molecular.

c) *Metanogénesis*: es la conversión bacteriana de los productos intermedios en productos finales más simples. Por un lado se produce una gasificación produciéndose fundamentalmente dióxido de carbono y metano y por otro lado se produce una mineralización por la cual la materia orgánica soluble es también descompuesta obteniéndose un producto final inerte.

El proceso se puede resumir de forma esquemática en la siguiente figura:

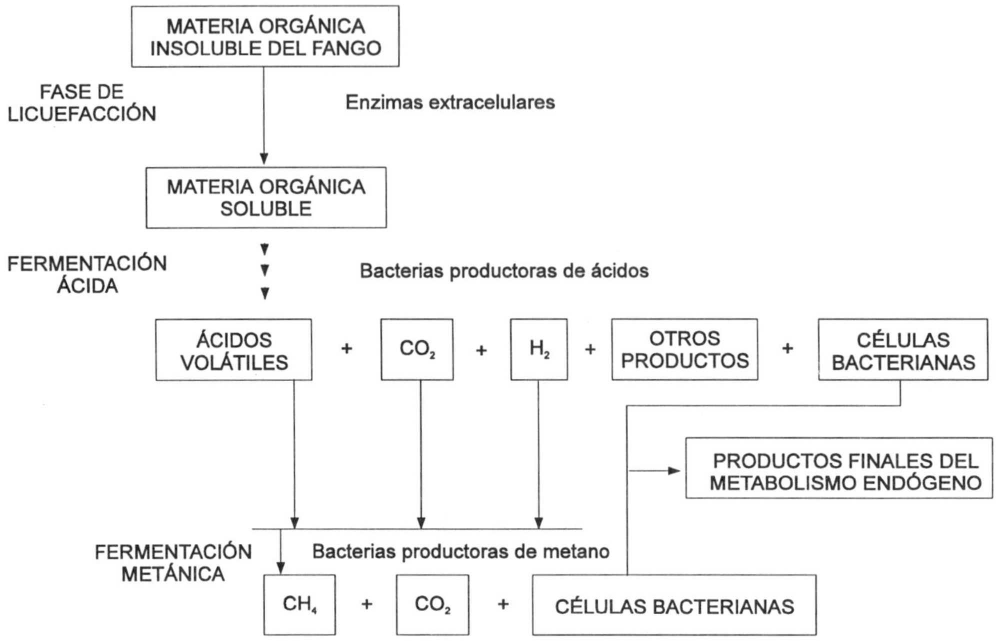

Fig. III.5.1. *Esquema del proceso de digestión anaerobia*

5.1.2. Parámetros de diseño

A) Tiempo de retención hidráulica

Se define como el tiempo medio de estancia del caudal de fango, en el tanque de estabilización:

$$t_R = \frac{Volumen\ de\ estabilización}{Caudal\ diario\ de\ fango\ que\ entra\ en\ la\ cuba}$$

En cuanto a la influencia del tiempo de retención en el rendimiento de la estabilización, puede afirmarse que a igualdad de los demás factores, la reducción de las materias volátiles (es decir, el rendimiento) es más elevado, cuanto mayor sea el tiempo de retención.

La función que rige este proceso es del tipo exponencial decreciente.

El proceso de cálculo seguido habitualmente, consiste en una vez fijado el rendimiento que se desea obtener, se selecciona el tiempo de retención necesario, el cual nos servirá para fijar el volumen del tanque, una vez conocido el caudal de fangos a estabilizar.

B) Edad del fango

Se define como la estancia media del fango en el sistema. Matemáticamente se obtiene por la relación entre la cantidad de fango en el digestor anaerobio y la cantidad del mismo que sale del sistema.

Puede calcularse a partir de la ecuación:

$$\frac{1}{\vartheta_C} = Y \cdot \frac{K \cdot S}{K_S + S} - K_d$$

donde:

θ_C = edad del fango (días)
Y = coeficiente cinético de rendimiento máximo (masa celular/masa sustrato)
K = tasa máxima de utilización del sustrato (días $^{-1}$)
S = concentración del sustrato en solución (masa/volumen)
Kd = coeficiente de degradación endógena
Ks = constante de media velocidad (masa/volumen)

La tabla III.5.1. muestra los valores recomendados para estos parámetros cinéticos.

Tabla III.5.1.: *Valores recomendados para un fango mixto de origen urbano*

PARAMETRO	UNIDAD	VALORES
Y	(mg SSV/mg DBO_5)	0,04-0,08
Kd	días $^{-1}$	0,02-0,05
K	g/g día	6-10
Ks	mg/l	150-600

La "modelización" de los digestores anaerobios a partir de estas expresiones es difícil porque:

- intervienen en serie dos comunidades bacterianas con constantes biológicas diferentes
- la medición de la biomasa no puede medirse directamente sino que se hace de forma indirecta a través de los SSV (que representan sólo del 20% al 50%)

Por estos motivos, normalmente se recurre en el dimensionamiento a valores basados en la experiencia.

Según cuál sea el esquema de funcionamiento el cálculo de la edad del fango se hará de diferente forma.

Con carácter general, en todos los procesos descritos en el apartado 5.1.3., en los que no existe enriquecimiento de biomasa, el tiempo de retención hidráulico coincidirá con la edad del fango.

C) Temperatura

El efecto de la temperatura se representa en la figura siguiente. Los organismos mesofílicos actúan a temperaturas comprendidas entre los 12°C y 35°C, optimizándose el proceso entre los 29°C y los 33°C. Los termofílicos trabajan entre los 37°C y los 65°C, con un óptimo en las proximidades de los 55°C.

Como la velocidad de reacción de las reacciones bioquímicas aumenta con la temperatura, la digestión termofílica se lleva a cabo a una velocidad muy superior a la de la digestión mesofílica.

Las ventajas de la digestión termofílica son básicamente:

- menor volumen necesario
- mejora de las características de deshidratación del fango
- aumento de la destrucción de bacterias

Los inconvenientes que presenta son:

- mayores necesidades energéticas para el calentamiento
- peor calidad del sobrenadante obtenido
- menor estabilidad del proceso

Por estas razones, el empleo en la práctica de la digestión termofílica está muy limitado.

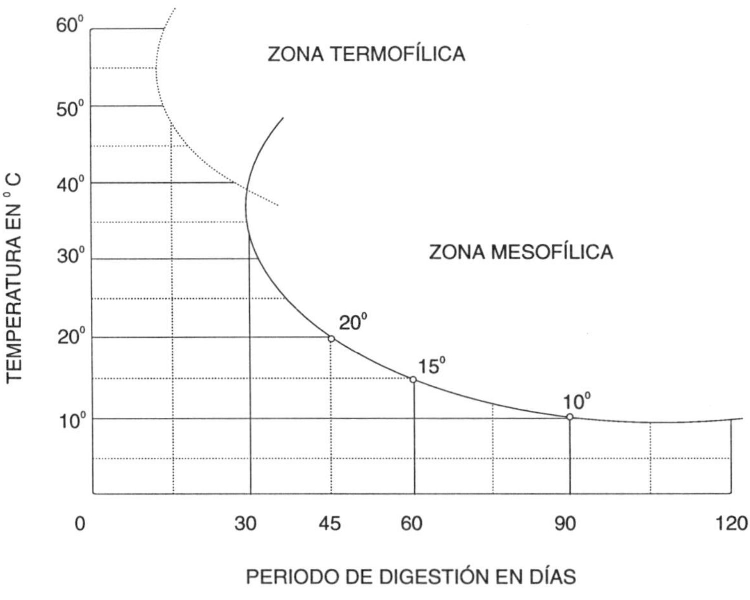

Fig. III.5.2. *Efecto de la temperatura sobre el tiempo de digestión*

D) Concentración de sólidos

Las concentraciones normales en los digestores se sitúan entre el 4 y 7%.

Es importante mantener una homogeneidad adecuada de los fangos en el digestor, lo que lleva a la necesidad de una agitación para asegurar una mezcla idónea de los fangos.

Una concentración excesiva de fangos implicaría un mayor coste energético para la agitación de toda la masa, mientras que concentraciones bajas suponen una falta de optimización energética también al estar calentando agua innecesariamente.

E) Carga de sólidos

Se define como la cantidad de materia volátil que se introduce diariamente al digestor por unidad de volumen del mismo.

$$C_{SOL} = \frac{Q \cdot SSV_0}{V} = \frac{SSV_0}{t_R}$$

En función de la carga de los digestores, éstos se clasifican de la forma siguiente:

Tabla III.5.2.: *Clasificación de los digestores según la carga de sólidos*

Tipo	**Carga de sólidos (Kg SSV / m^3·día)**
Convencional	0,45 – 1,12
Alta carga	1,60 – 4,80

Desde un punto de vista operativo, es importante que la alimentación de fangos al digestor se realice de la forma más continua posible a lo largo del día.

F) pH

El pH depende de las reacciones ácido-base. Dentro del proceso de digestión ocurren multitud de estas reacciones. Por lo tanto, el pH es un índice global de lo que ocurre en el digestor a dicho nivel.

No debe olvidarse que las bacterias, actuando en el proceso pueden ser inhibidas por ciertos valores del pH. Así, las bacterias formadoras de metano tienen un pH óptimo comprendido entre 6,8 y 7,4, admitiendo valores funcionales entre 6,8 y 7,8. También se ha dicho que por debajo de 6,2 su desarrollo es totalmente inhibido.

Las bacterias formadoras de ácidos tienen por el contrario, un campo más amplio para su desarrollo. Su actividad produce un descenso en el valor del pH al producir ácidos.

En consecuencia, para que se desarrolle bien el proceso de digestión es necesario mantener un equilibrio entre las actividades de las dos poblaciones bacterianas (producción y consumo de ácidos).

G) Relación ácidos volátiles/alcalinidad

- *Los ácidos volátiles*

La concentración de ácidos volátiles, producto de la fermentación, tiene una gran importancia en el proceso de la digestión, pues puede llegar a acidificar el fango provocando el fallo del proceso. Los valores óptimos están comprendidos entre 50 y 500 mg/l como ácido acético, siendo un valor extremo 2.000 mg/l.

El aumento de la concentración de ácidos volátiles puede venir producido por una sobrecarga de alimentación o por una inhibición de las metanobacterias. A su vez, una gran concentración puede provocar la rotura de la capacidad tampón del fango, disminución del pH y, en consecuencia, inhibición de las bacterias formadoras de metano.

- *La alcalinidad*

La mayor parte de la alcalinidad del fango de digestión está formada por bicarbonato amónico, consecuencia de la combinación del amoniaco con el dióxido de carbono producido en la fermentación ácida.

Las respectivas concentraciones de alcalinidad y ácidos volátiles dan como consecuencia la capacidad tampón del sistema. Por ello, el verdadero parámetro de control del proceso, que engloba a los tres parámetros anteriores, es la llamada relación ácidos volátiles/alcalinidad. Es deseable que la capacidad tampón del sistema sea alta, lo cual se traduce en que la relación anterior sea baja (entre 0 y 0,1). Cuando la relación ácidos volátiles-alcalinidad comienza a aumentar es que algo no funciona bien. Al alcanzar valores de 0,5, debido a serios descensos de alcalinidad, y al llegar a 0,8 o más el pH del contenido del digestor comienza a descender. Por lo tanto, este parámetro parece ser un indicador más eficaz que el pH, puesto que éste cambiará cuando ya se haya roto la capacidad tampón del sistema, mientras que la relación ácidos volátiles-alcalinidad es un indicador de dicha capacidad tampón.

H) Producción de gas

La producción total de gas se suele estimar a partir del tanto por ciento de reducción de sólidos volátiles. Los valores habituales varían entre 0,75 y 1,12 m^3 gas/kg. SSV eliminado.

Eckenfelder da los siguientes valores máximos de producción de gas:

- 1-1,25 m^3/kg SSV eliminado
- 0,3-0,42 m^3 CH_4/Kg. DQO eliminado

La producción de gas puede fluctuar en un amplio intervalo dependiendo fundamentalmente del contenido en sólidos volátiles del fango crudo y de la actividad biológica desarrollada en el digestor. En ocasiones, durante la puesta en marcha, se presentan producciones excesivas de gas que pueden causar la formación de espumas y escape de éstas y del gas por conducciones y cubiertas del digestor.

También puede calcularse la producción de gas a partir de la expresión:

$$P_{CH4} = (0{,}3516) \cdot \left[\frac{(S_0 - S)}{1.000} - 1{,}42 \cdot Px \right]$$

Siendo:

P_{CH4} = Volumen de metano producido en condiciones estándar (0 °C y 1 atm), (m^3/d)

S_0 = DBO_L última del afluente (mg/l)

S = DBO_L última del efluente (mg/l)

P_x = masa neta de tejido celular producida diariamente (kg/d), puede calcularse por la expresión

$$P_X = \frac{Y \cdot (S_0 - S) \cdot Q}{1.000 \cdot (1 + Kd \cdot \vartheta_C)}$$

donde:

Y = coeficiente cinético de producción

Kd = coeficiente endógeno (días $^{-1}$)

θ_C = edad del fango (días)

5.1.3. Tipos de procesos

En la práctica podemos distinguir dos tipos de procesos:

1) Procesos sin enriquecimiento de biomasa

Pueden dividirse a su vez en tres grandes grupos

a) Digestión en etapa única con mezcla completa

El fango se mezcla íntimamente mediante recirculación de gas, mezcladores mecánicos, bombeo o mezcladores con tubos de aspiración y se calienta para conseguir optimizar la velocidad de digestión.

Este tipo de tratamiento es el más extendido en España y básicamente se caracteriza por los siguientes parámetros:

- Proceso en etapa única
- Temperatura en el rango mesófilo (aprox. 35 °C)

- Mezcla completa de todo el fango varias veces al día
- Alimentación con fango crudo espesado
- Sin retirada de sobrenadantes

En la figura siguiente se muestra un esquema de una instalación de este tipo y se indican los parámetros de diseño típicos:

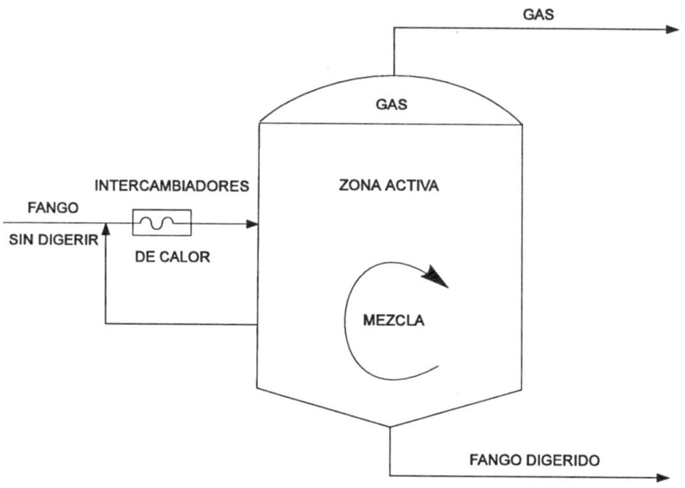

Fig. III.5.3. *Digestor en etapa única con mezcla completa*

Tabla III.5.3.: *Parámetros de diseño de la digestión etapa única con mezcla completa*

Parámetros de diseño	**Depurad. pequeñas <50.000 hab. eq**	**Depurad. Medias 50.000-100.000**	**Grandes depurad >100.000 h.eq**
Tiempo de retención (días)	20	15-20	15
Carga de sólidos (kg. SSV/m^3 d)	1,6-2,0	2,0-3,5	3,5-5,0

Las formas más sencillas de este tipo de proceso son aquellas en las que no existe mezcla completa del fango dentro del sistema, produciéndose por tanto una estratificación, formándose una capa de sobrenadante por encima del fango digerido. Como consecuencia de esta estratificación, en la práctica, en este tipo de digestores se utiliza menos del 50% de su volumen. Debido a estas limitaciones este tipo de procesos ya prácticamente no se utilizan salvo en instalaciones muy pequeñas.

En la figura siguiente se muestra un esquema de una instalación de este tipo y se indican los parámetros de diseño típicos.

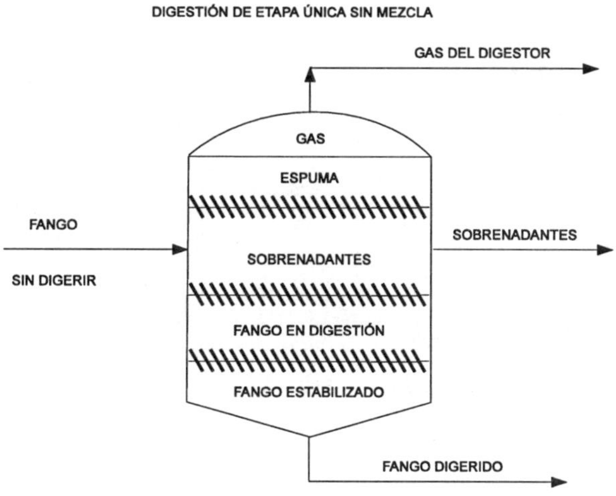

Fig. III.5.4. *Digestor en etapa única sin mezcla*

Tabla III.5.4.: *Parámetros de diseño para un digestor en etapa única sin mezcla*

PARAMETROS DE DISEÑO	
Tiempo de retención (días)	30-60
Carga de sólidos (kg. SSV/m^3 d)	0,4-1,6

b) Digestión en doble etapa

En este proceso el primer tanque se utiliza para la digestión y se equipa con los dispositivos necesarios para el mezclado. El segundo tanque se utiliza para el almacenamiento y concentración del fango digerido y para la concentración de un sobrenadante relativamente clarificado.

En muchas ocasiones, ambos tanque se construyen idénticos, de forma que cualquiera de ellos puede ser el tanque primario (en este caso los parámetros de diseño a adoptar serían los mismos que en el apartado anterior para ambos tanques). No obstante, en la mayoría de los casos y por razones económicas, el segundo de los tanques es abierto y no calentado.

En la figura siguiente se muestra un esquema de una instalación de este tipo y se indican los parámetros de diseño típicos.

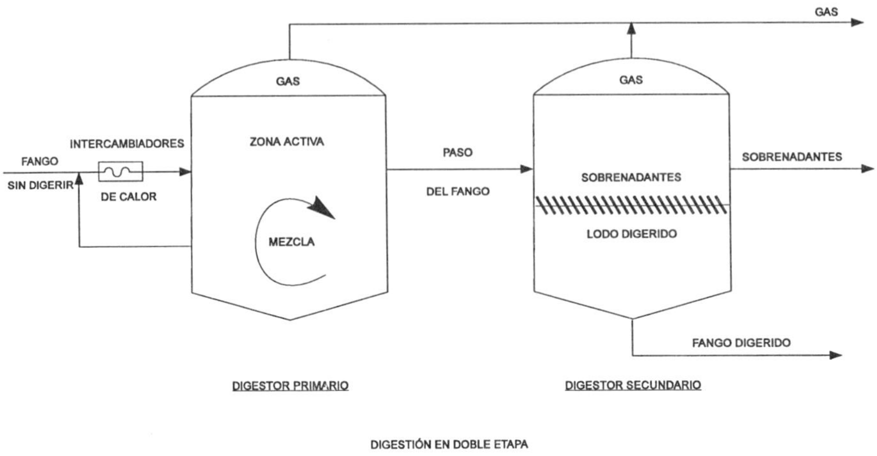

Fig. III.5.5. *Digestión en doble etapa*

Tabla III.5.5.: *Parámetros de diseño para un digestor en doble etapa*

PARAMETROS DE DISEÑO	DIG. PRIMARIO	DIG. SECUNDARIO
Tiempo de retención (días)	10-15	5-8
Carga de sólidos (kg. SSV/m^3 d)	1,6-4,8	

c) Digestión en dos fases

En este proceso mediante el establecimiento de unas condiciones específicas se consigue separar en dos reactores los dos tipos de microorganismos actuantes. En el primer reactor tienen lugar los procesos de hidrólisis y acidificación y en el segundo reactor tienen lugar los procesos de metanogénesis.

Como consecuencia de la especialización de las biomasas puede operarse la primera fase (fase ácida) como una fase de muy alta carga. Los productos intermedios formados en esta primera etapa son tratados en la segunda fase (fase metanogénica), la cual es operada con muy baja carga y es donde tienen lugar los procesos de gasificación y mineralización. Mediante este sistema se consigue optimizar al máximo los tiempos de retención del sistema.

Las ventajas de este tipo de sistema pueden resumirse en:

- Optimización de volúmenes necesarios
- Mayor reducción de materia volátil y por tanto mejor rendimiento
- Mayor producción específica de gas

En la figura siguiente se muestra un esquema de una instalación de este tipo y se indican los parámetros de diseño típicos.

DIGESTIÓN CON ENRIQUECIMIENTO DE BIOMASA

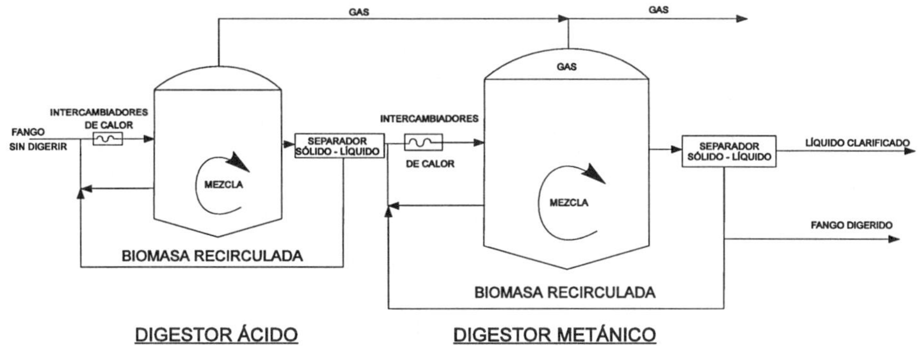

Fig. III.5.6. *Digestión en dos fases*

Tabla III.5.6.: *Parámetros de diseño para un digestor en dos fases*

PARAMETROS DE DISEÑO	DIGESTOR ACIDO		DIGESTOR METANICO
Tiempo de retención (días)	Temperatura	t_{R1}	t_{R2}
	26	2	12
	33	4	12
	55	2	10
Carga de sólidos (kg. SSV/m^3 d)	25-35		2-3

2) Procesos con enriquecimiento de biomasa

El objetivo de las últimas tecnologías desarrolladas en el campo de la digestión anaerobia es conseguir incrementar los rendimientos de reducción de la materia orgánica consiguiendo una mayor estabilidad y menores costes que en los procesos convencionales. Este aumento del rendimiento se pretende conseguir a través del enriquecimiento con biomasa activa de los digestores. En la práctica los procesos empleados pueden dividirse en tres grupos:

a) Fijación de biomasa mediante la instalación en el interior de los digestores de material soporte fijo (de forma similar a los empleados en lechos bacterianos)

b) Fijación de biomasa mediante el relleno del reactor con materiales soporte flotantes, que si bien se escapan del reactor son recirculados posteriormente al mismo mediante diferentes dispositivos (retirada por decantación, flotación, etc.)

c) Recirculación de parte de la biomasa ya formada una vez extraída del digestor mediante dispositivos específicos (decantadores, flotadores, etc.)

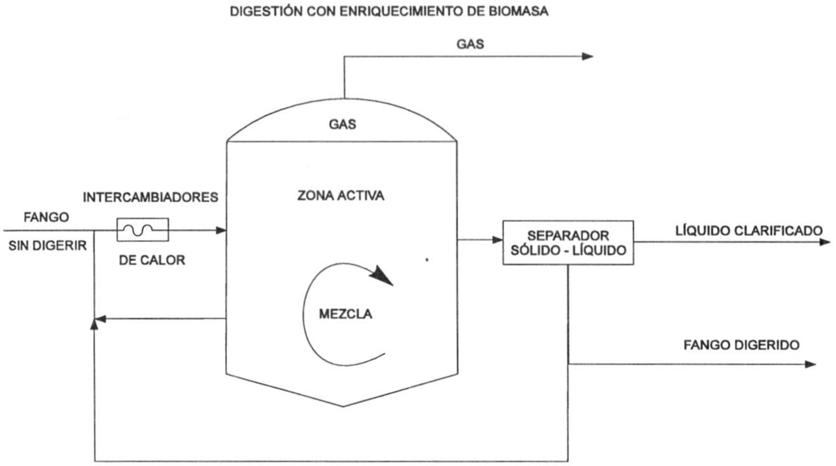

Fig. III.5.7. *Digestor con enriquecimiento de biomasa*

Tabla III.5.7.: *Parámetros de diseño para un digestor con enriquecimiento de biomasa*

PARAMETROS DE DISEÑO	
Tiempo de retención (días)	6,8-7
Carga de sólidos (kg. SSV/m^3 d)	3-3,5

5.1.4. Mezclado del digestor

Disponer de un buen sistema de agitación o mezcla es uno de los aspectos más relevantes a la hora de conseguir el proceso.

Los sistemas empleados pueden clasificarse en tres grandes grupos:

A) Inyección de gas

Recogen el gas producido en el digestor, lo comprimen y lo descargan a través de una serie de difusores en el fondo del tanque o mediante una serie de lanzas dispuestas radialmente ancladas en la zona superior.

B) Agitación mecánica

Mediante turbinas o agitadores de baja velocidad cuyos elementos giratorios desplazan el fango mezclándolo.

C) Bombeo mecánico

Consisten en bombas de hélice o centrífugas, consiguiéndose el mezclado mediante la circulación de fango

La tabla siguiente muestra los parámetros de diseño típicos para los diferentes sistemas de mezclado:

Tabla III.5.8.: *Parámetros de diseño para los diferentes sistemas de mezclado*

Sistemas	Parametro	Unidad	Val. recomendados
Inyección gas	Caudal gas	m^3 gas/m^3 reactor min	0,0045 - 0,007
Agitación mecánica	Potencia equipos mezcla	Kw/m^3 reactor	0,00475 - 0,00788
Bombeo mecánico	Renovación		

5.1.5. Calefacción del digestor

Las necesidades de calor de un digestor vienen dadas por la cantidad de calor necesario para:

1) aumentar la temperatura del fango alimentado hasta alcanzar la temperatura mantenida en el interior del digestor
2) compensar las pérdidas de calor que se producen a través de las paredes, fondo y cubierta del digestor
3) compensar las pérdidas que se puedan producir en las conducciones que comunican la fuente de calor con el tanque de digestión.

El fango se calienta por bombeo de fango y sobrenadante del digestor a través de intercambiadores de calor situados en el exterior del tanque y recirculación del mismo, o por circulación a través de intercambiadores de calor situados en el interior del tanque.

En los casos en los que se instalan intercambiadores de calor exteriores, el fango se bombea a alta velocidad a través de unos tubos alrededor de los cuales circula agua a gran velocidad. La circulación promueve grandes turbulencias a ambos lados de la superficie de transferencia de calor, lo cual permite mayores coeficientes de transferencia de calor y mayor intercambio. Otra ventaja del uso de intercambiadores de calor exteriores es que permite el calentamiento, la mezcla íntima y la siembra con fango digerido del fango crudo frío antes de su entrada al digestor. Para mantener la eficiencia en la transferencia de calor, los intercambiadores de calor se deben limpiar periódicamente.

Se puede adoptar como valor de diseño del coeficiente de transmisión de calor de acero:

$$CT = 460 \text{ kcal/h m}^2 \text{ °C}$$

Se denomina incremento logarítmico de la temperatura a:

$$I\,L = \frac{(T_{E,A} - T_{S,F}) - (T_{S,A} - T_{E,F})}{Ln \dfrac{(T_{E,A} - T_{S,F})}{(T_{S,A} - T_{E,F})}}$$

$T_{E,A}$: Temperatura entrada agua

$T_{E,A}$: Temperatura entrada agua
$T_{S,A}$: Temperatura salida agua
$T_{E,F}$: Temperatura entrada del fango
$T_{S,F}$: Temperatura salida del fango

La superficie teórica de intercambiador vendrá dada entonces por:

$$S_{INT} = \frac{CALOR\ NECESARIO\ A\ APORTAR}{0{,}9 \cdot IL \cdot CT}$$

El calentamiento de los tanques de digestión también se ha llevado a cabo mediante sistemas de calefacción internos. Algunas de las configuraciones empleadas incluyen tuberías montadas en la parte interior de las paredes del digestor y tubos de mezclado equipados con camisas por donde se hace circular agua caliente. Debido a los problemas de funcionamiento y mantenimiento inherentes a este tipo de sistemas, su uso no está muy extendido. Los problemas observados en el uso de este tipo de sistemas incluyen la formación de tortas de fango sobre la superficie de transferencia de calor, y la imposibilidad de inspeccionar y reparar los equipos sin vaciar los tanques.

Necesidades de calor

En el cálculo de la energía necesaria para el calentamiento del fango entrante hasta alcanzar la temperatura interior del digestor, se supone que el calor específico de la mayor parte de los fangos es el mismo que el del agua. Se ha comprobado que, a efectos de cálculo, esta hipótesis es aceptable. Las pérdidas de calor a través de las paredes, fondo y cubierta del digestor, se calculan utilizando la siguiente expresión:

$$q = K \cdot S \cdot \Delta T$$

donde:

q = pérdida de calor (Kcal)
K = coeficiente global de transmisión de calor (Kcal/h·m^2· °C)
S = área de la sección transversal a través de la cual se produce la pérdida de calor (m^2)
Δ T = diferencia de temperatura entre el interior y el exterior (°C)

El coeficiente de transmisión de calor viene determinado por la siguiente expresión:

$$\frac{1}{K} = \frac{1}{\alpha_1} + \frac{e_1}{\lambda_1} + \cdots + \frac{e_n}{\lambda_n} + \frac{1}{\alpha_2}$$

siendo:

α_1 = kilocalorías transmitidas de un fluido de temperatura T_1 a la superficie S_1 en una hora para un grado centígrado de diferencia de temperatura y para un metro cuadrado de superficie

α_2 = kilocalorías transmitidas de la superficie S_1 al fluido de temperatura T_2 en una hora para un grado centígrado de diferencia de temperatura y para un metro cuadrado de superficie

e_1 = espesor de la pared en m

λ_1 = kilocalorías que pasan en una hora a través de un metro cuadrado de superficie del material cuando su espesor es de un metro y la diferencia de temperatura entre sus caras es de un grado centígrado

Para el diseño de un digestor pueden adoptarse los siguientes valores:

Coeficiente α:

Tabla III.5.9.: *Valores del coeficiente* α

Superficie en contacto	**Coeficiente α (kcal/h m^2 °C)**
Pared – fango	300
Pared – Aire	20
Pared - Suelo	50

Coeficiente λ:

Tabla III.5.10.: *Valores del coeficiente* λ

Material de construcción	**Coeficiente λ (kcal/h m^2 °C)**
Hormigón armado	1,4
Hormigón en masa	1,1
Espuma de poliuretano	0,02
Aire	0,02
Fábrica de ladrillo	0,35
Mortero de cemento	0,60

Para una relación más exhaustiva de los coeficientes a emplear, según los diferentes tipos de material, nos remitimos al libro de Abastecimiento y distribución de agua del Prof. Aurelio Hernández Muñoz.

5.1.6. Aprovechamiento del gas

El aprovechamiento pasa por considerar la posibilidad de la aplicación de motores a gas, partiendo de la utilización como combustible del gas de digestión.

El primer punto evidente para su utilización es en el calentamiento del agua necesaria, para por medio de un intercambiador calentar los fangos del digestor. A estos efectos, puede tomarse como valor de diseño un poder calorífico del biogás de 5.000 kcal/m^3.

En caso de que aún siga existiendo exceso de gas, es interesante generar energía eléctrica mediante motogeneradores para su consumo en la planta.

Mediante la aplicación de estos motores, es posible generar una energía que puede cubrir, en un elevado porcentaje, la demanda energética de la planta. En función del tamaño de la planta depuradora y de las necesidades particulares de cada una, habrá que considerar si la obtención de energía es eléctrica, mediante accionamiento de alternadores o mecánica, accionando soplantes o compresores.

El aprovechamiento total de energía, producida por la combustión del gas de digestión, contempla además de la obtenida en el cigüeñal del motor, aquella recuperable mediante intercambiadores de calor en el cuerpo del motor y en un economizador con los gases de escape.

Como combustible auxiliar y de emergencia, existe la posibilidad de utilizar gas-oil, en el caso de un motor dual con encendido por compresión o gas natural, propano, butano o gas ciudad.

5.2. Caso práctico de dimensionamiento

DATOS DE DISEÑO:

Fangos procedentes de decantación primaria:

- F1 (SSV) = 881 kg. SSV/d
- F1 (SST) = 1.342 kg. SST/d
- Concentración: C_{F1} = 3% = 30 kg/m^3

Fangos en exceso o fangos biológicos:

- Px (SSV) = 476 kg. SSV/d
- Px (SST) = 663 kg. SST/d
- Concentración: C_{F2} = 0,8% = 8 kg/m^3
- Concentración fangos espesados por flotación = C_{FEF} = 4% = 40 kg/m^3

La instalación prevista será la siguiente:

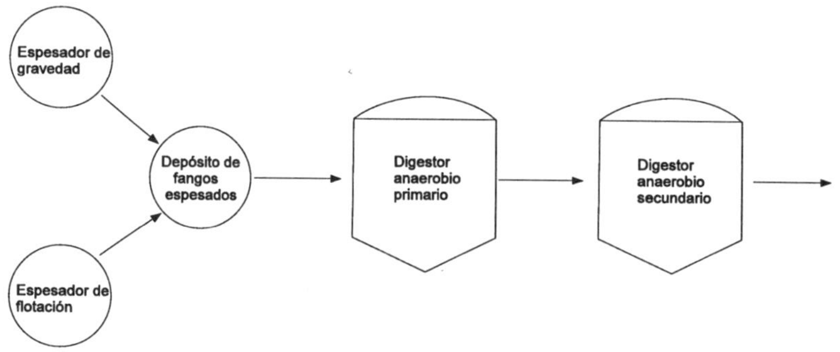

Fijamos además las siguientes condiciones de funcionamiento:

- Reducción de sólidos volátiles exigida: 40%
- Sistema de agitación y mezcla
  Digestor primario: lanzas radiales de gas
  Digestor secundario: sin agitación
- Temperatura de digestión
  Digestor primario: 35 °C
  Digestor secundario: frío

Suponemos que la alimentación al digestor se realiza durante 12 horas al día.

Caudal horario de alimentación: $\frac{33{,}34}{12} = 2{,}78\,\frac{m^3}{h}$

El porcentaje de sólidos volátiles en el fango mezcla enviado a digestión será:

Total fangos orgánicos:	881 + 476 = 1.357 kg SSV/d
Total fangos inorgánicos:	(1.342 – 881) + (663 – 476) = 648 kg SSM/d
Total fangos enviado a digestión:	1.342 + 663 = 2.005 kg. SST/d

Porcentaje S.S.V. = 67,7 %

La concentración de DBO_5 en el fango primario : DBO_{F1} = 0,35 X 237 = 82,95 mg/l = 0,083 kg/m^3

CALCULOS:

1. Cálculo / Selección de la edad del fango / tiempo de retención

Según la tabla III.5.5. los tiempos de retención de diseño recomendados para una instalación de este tipo son:

Digestor primario: 15 días
Digestor secundario: 8 días

NOTA: Si hubiésemos calculado la edad del fango por la fórmula teórica de la cinética del proceso

$$\frac{1}{\vartheta_C} = Y \cdot \frac{K \cdot S}{K_S + S} - K_d$$

Adoptando:
$Y = 0{,}06$
$K = 8$ g/g·d
$K_S = 400$ mg/l
$S = 82{,}95$ mg/l
$K_d = 0{,}04$

$$\frac{1}{\vartheta_C} = 0{,}06 \cdot \frac{8 \cdot 82{,}95}{400 + 82{,}95} - 0{,}04 \rightarrow \vartheta_C = 23{,}5\ días$$

Que coincide con el tiempo de retención hidráulico global del proceso.

2. Cálculo del rendimiento en reducción de SSV

Como se ha fijado un rendimiento del 40%:

Kg. SSV eliminados diariamente = (881 + 476) · 0,4 = 542,8 kg/d
Suponiendo nula la reducción de las S.S.M.

S.S.T. después de la digestión: $648 + \frac{60}{100} \cdot 1.357 = 1.462{,}2\ kg\ SST/d$

Considerando que la concentración se reduce ligeramente en el digestor, es decir, que la concentración de salida sea del 5% = 50 kg/m^3:

Caudal extraído diariamente = $\frac{1.462{,}2}{50} = 29{,}24 \frac{m^3}{d}$

3. Cálculo del volumen del digestor

Caudal incorporado diariamente al digestor = 33,34 m^3/d
Caudal extraído diariamente del digestor = 29,24 m^3/d
Caudal medio de digestión:

$$Q_{MD} = \left[33{,}34 - \frac{2}{3} \cdot (33{,}34 - 29{,}24)\right] = 30{,}6 \frac{m^3}{d}$$

Volumen útil necesario digestor primario:

$$V_{D1} = Q_{MD} \cdot t_{R1} = 30{,}6 \cdot 15 = 459\ m^3$$

Volumen útil necesario digestor secundario:

$$V_{D2} = Q_{MD} \cdot t_{R2} = 30{,}6 \cdot 8 = 245\ m^3$$

4. Dimensiones unitarias

Adoptamos las siguientes unidades:

- Digestor primario: 1 unidad
  - Sección tipo: según figura
  - Diámetro : 2 · r = 10 m
  - Altura recta : h = 6 m
  - Altura inclinada parte superior : h_2 = 1m
  - Altura inclinada parte inferior: h_1 = 1 m

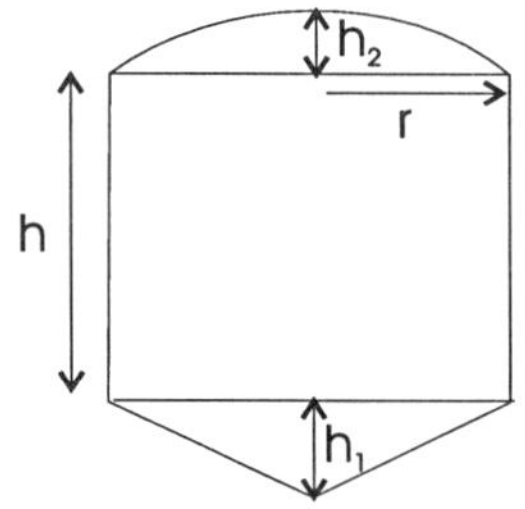

Por tanto, volumen real digestor primario:

$$V_{D1} = 497\ m^3$$

NOTA: Para el cálculo del volumen útil se desprecia la parte de cubierta

- Digestor secundario: 1 unidad
  - Sección tipo: cilindro con pendiente de fondo del 3%
  - Diámetro : 10 m
  - Altura recta: h = 3,3 m

Por tanto, volumen real digestor secundario:

$$V_{D2} = 259\ m^3$$

Los tiempos de retención reales son:

Digestor primario: $t_{R1} = \dfrac{V_{D1}}{Q_{MD}} = \dfrac{497}{30{,}6} = 16{,}2\ días$

Digestor secundario: $t_{R2} = \dfrac{V_{D2}}{Q_{MD}} = \dfrac{259}{30{,}6} = 8{,}5\ días$

5. Comprobación de la carga de sólidos volátiles

$$C_{SOL\,(D.AN)1} = \frac{SSV_0}{V_{D1}} = \frac{881+476}{497} = 2{,}73\ \frac{kg.SSV}{m^3 \cdot d}$$

Valor válido según la tabla III.5.2.

6. Agitación del digestor

Como ya se ha indicado, el único digestor que será agitado es el primario.

$$V_{D1} = 497\ m^3$$

Adoptamos un sistema de agitación y mezcla mediante lanzas radiales de gas con los siguientes criterios de operación.

- Número de renovaciones previstas al día: 3
- Tiempo necesario para cada renovación: 5 horas
- Tiempo total previsto para la operación de bombeo de recirculación: 3 · 5 = 15 horas

- Caudal necesario bombeo recirculación: $Q_{RD} = \frac{V_{D1}}{15} = \frac{497}{15} = 33 \frac{m^3}{h}$

  Se adoptan 3 bombas (una en reserva) de caudal unitario 16,5 m^3/h a 8 m.c.a.
- El caudal de gas necesario lo obtenemos a partir de los valores recomendados en la tabla III.5.7.
  Sistemas no confinados: 0,005 m^3 gas/m^3 min
  Caudal de gas = 0,005 · 497 = 2,48 m^3/min = 149,1 m^3/h
  Se adoptan 3 compresores (uno en reserva) de caudal unitario: 74,5 m^3/h a 8 m.c.a.
- Tomando un caudal máximo por lanza de 10 m^3/h adoptamos un número total de lanzas de 16 unidades.

7. Calentamiento del digestor

Como ya se ha indicado, el único digestor calentado es el primario:

$$V_{D1} = 497 \ m^3$$

De dimensiones:

- Diámetro: 10 m
- Altura recta: 6,0 m
- Altura inclinada superior: 1m
- Altura inclinada inferior: 1 m
- Profundidad enterramiento: 2 m

Adoptamos los siguientes valores de diseño:

Temperatura:

- Temperatura de digestión: $T_D = 35$ °C
- Temperatura de fango fresco: $T_F = 10$ °C
- Temperatura del aire ambiente: $T_A = -1$ °C
- Temperatura del suelo: $T_S = 6$ °C

Coeficientes de transferencia del calor:

- Coeficiente de conductividad de la capa de espuma de poliuretano: 0,02 Kcal/h m^2 °C
- Coeficiente de conductividad del hormigón armado: 1,4 Kcal/h m^2 °C
- Coeficiente de conductividad del hormigón en masa: 1,1 Kcal/h m^2 °C
- Coeficiente conv. Pared - fango: 300 Kcal/h m^2 °C
- Coeficiente conv. Pared - aire: 20 Kcal/h m^2 °C
- Coeficiente conv. Pared - suelo: 50 Kcal/h m^2 °C

Espesores de los materiales empleados:

- Espesor del hormigón en cúpula: 30 cm
- Espesor del hormigón en pared vertical: 35 cm
- Espesor del hormigón en solera: 35 cm
- Espesor del hormigón en masa: 20 cm
- Espesor capa espuma poliuretano: 4 cm

A) Cantidad de calor necesaria para el calentamiento del fango en condiciones extremas:

$$q_{FANGO} = \frac{Q_{MD} \cdot 1.000 \cdot (T_D - T_F)}{24} = \frac{30{,}6 \cdot 1.000 \cdot (35-10)}{24} = 31.875 \frac{Kcal}{h}$$

B) Cálculo de superficies de paredes, solera y cubierta

- Superficie pared cilíndrica situada sobre el terreno:

$$S_P = 2 \cdot \pi \cdot r \cdot h' = 2 \cdot \pi \cdot 5 \cdot 4 = 125{,}66\, m^2$$

- Superficie pared cilíndrica situada bajo el terreno:

$$S_E = 2 \cdot \pi \cdot r \cdot h'' = 2 \cdot \pi \cdot 5 \cdot 2 = 62{,}83\, m^2$$

- Superficie cúpula:

$$S_C = \pi \cdot (r^2 + h_2{}^2) = \pi \cdot (5^2 + 1^2) = 81{,}68\, m^2$$

- Superficie solera:

$$S_S = \pi \cdot r \cdot \sqrt{r^2 + h_1{}^2} = \pi \cdot 5 \cdot \sqrt{5^2 + 1^2} = 80{,}10\, m^2$$

C) Cálculo de los coeficientes de conductividad

- Coeficiente conductividad de la cúpula

$$K_C = \frac{1}{\frac{1}{300} + \frac{0{,}3}{1{,}4} + \frac{0{,}04}{0{,}02} + \frac{1}{20}} = 0{,}44 \frac{kcal}{h \cdot m^2 \cdot {}^{\circ}C}$$

- Coeficiente conductividad de la pared cilíndrica sobre el terreno:

$$K_P = \frac{1}{\frac{1}{300} + \frac{0{,}35}{1{,}4} + \frac{0{,}04}{0{,}02} + \frac{1}{20}} = 0{,}43 \frac{kcal}{h \cdot m^2 \cdot {}^{\circ}C}$$

– Coeficiente conductividad de la pared cilíndrica bajo el terreno:

$$K_E = \frac{1}{\frac{1}{300}+\frac{0{,}35}{1{,}4}+\frac{0{,}04}{0{,}02}+\frac{1}{50}} = 0{,}44 \frac{kcal}{h \cdot m^2 \cdot {}^\circ C}$$

– Coeficiente conductividad en la solera:

$$K_S = \frac{1}{\frac{1}{300}+\frac{0{,}35}{1{,}4}+\frac{0{,}2}{1{,}1}+\frac{1}{50}} = 2{,}20 \frac{kcal}{h \cdot m^2 \cdot {}^\circ C}$$

D) Cálculo de las pérdidas de calor

Para el cálculo de las pérdidas empleamos la expresión general:

$$q = S \cdot K \cdot \Delta T$$

– Pérdidas en la cúpula

$$q_C = S_C \cdot K_C \cdot (T_F - T_A) = 81{,}68 \cdot 0{,}44 \cdot (35 - (-1)) = 1.293{,}81 \frac{kcal}{h}$$

– Pérdidas en la pared cilíndrica sobre el terreno

$$q_P = S_P \cdot K_P \cdot (T_F - T_A) = 125{,}66 \cdot 0{,}43 \cdot (35 - (-1)) = 1.945{,}2 \frac{kcal}{h}$$

– Pérdidas en la pared cilíndrica bajo el terreno

$$q_E = S_E \cdot K_E \cdot (T_F - T_S) = 62{,}83 \cdot 0{,}44 \cdot (35 - 6) = 801{,}7 \frac{kcal}{h}$$

– Pérdidas en la solera

$$q_S = S_S \cdot K_S \cdot (T_F - T_S) = 80{,}10 \cdot 2{,}2 \cdot (35 - 6) = 5.110{,}4 \frac{kcal}{h}$$

Luego las pérdidas totales previstas por radiación son:

$$q_{PERD.TOTAL} = q_C + q_P + q_E + q_S = 1.293{,}81 + 1.945{,}2 + 801{,}7 + 5.110{,}4 = 9.151 \frac{kcal}{h}$$

E) Capacidad necesaria del intercambiador de calor

- La cantidad de calor necesaria para el calentamiento del fango fresco y mantener la temperatura en los digestores a 35 °C será:

$$Q_{CALOR} = q_{FANGO} + q_{PERD.\,TOTALES} = 31.875 + 9.151 = 41.026\,\frac{kcal}{h}$$

- Adoptando un margen de reserva del 25% la capacidad de las calderas será:

$$Q_{CALDERA} = 1{,}25 \cdot Q_{CALOR} = 51.283\,\frac{kcal}{h}$$

- Capacidad de intercambio de calor:

$$Q_I = \frac{Q_{CALOR}}{0{,}9} = \frac{41.026}{0{,}9} = 45.584{,}4\,\frac{kcal}{h}$$

- Temperaturas de diseño del intercambiador:
  - Temperatura entrada agua: 75 °C
  - Temperatura salida agua: 67 °C
  - Temperatura entrada fango: 35 °C
  - Temperatura salida fango: 36 °C

- El incremento logarítmico de temperatura es:

$$I.L. = \frac{(75-36)-(67-35)}{Ln\,\dfrac{(75-36)}{(67-35)}} = 35{,}38\ ^\circ C$$

- El coeficiente de transmisión de calor según la tabla el apartado teórico 5.1.5.: CT = 460 kcal/h m^2 °C
  Incluyendo la transmisión a través de la camisa de acero y el atascamiento

- Superficie total necesaria de intercambio:

$$S\,I. = \frac{Q\,I}{IL \cdot CT} = \frac{45 \cdot 584{,}4}{35{,}38 \cdot 460} = 2{,}8\,m^2$$

- Bombas de agua caliente:
  - El salto térmico del agua es: 75 – 67 = 8 °C
  - La capacidad de intercambio total: 45.584,5 kcal/h

Luego el caudal teórico de agua caliente será:

$$Q_{A.C.} = \frac{Q\ I}{1.000 \cdot 8} = \frac{45.584,4}{1.000 \cdot 8} = 5,70 \frac{m^3}{h}$$

F) Necesidades energéticas para el calentamiento del digestor

Aprovechamiento del biogás:

- Consumo total de calor requerido: 45.584,4 kcal/h
- Rendimiento global adoptado para la combustión del biogás: 85%
- Poder calorífico del biogás: 5.000 kcal/m^3
- Consumo total de gas en caldera:

$$Q_{gas} = \frac{Q\ I}{0,85 \cdot 5.000} = \frac{45.584,4}{0,85 \cdot 5.000} = 10,725 \frac{m^3 \cdot N}{h}$$

Consumo de gas-oil:

Independientemente del normal calentamiento del digestor a partir de la combustión del biogás producido, debe preverse siempre, sobre todo para la puesta en marcha un sistema alternativo basado en combustión de gasoil.

- Rendimiento de la combustión: 85%
- Poder calorífico del gas-oil: 8.200 kcal/kg

Veamos las necesidades para la puesta en marcha del digestor:

- Temperatura del fango: 10 °C
- Temperatura a alcanzar: 35 °C
- Volumen del digestor: V_{D1} = 497 m^3

- Cantidad de calor necesaria:

$$Q_{CAL.INIC} = V_{D1} \cdot (T_D - T_F) = 497 \cdot (35 - 10) = 12.425\ Mcal$$

- Pérdidas en el digestor:

$$q_{PERD.TOTAL} = \frac{9.151,12 \cdot 24}{1.000} = 219,6\ Mcal/día$$

- Capacidad de los intercambiadores:

$$C_{INT} = \frac{Q\ I \cdot 24}{0,9 \cdot 1.000} = \frac{45.584,4 \cdot 24}{0,9 \cdot 1.000} = 1.215,6\ Mcal/día$$

- El número de días necesarios para alcanzar la temperatura de 35 °C será:

$$t_{PM} = \frac{Q_{CAL.INIC}}{C_{INT} - q_{PERD.TOTAL}} = \frac{12.425}{1.215,6 - 219,6} = 12,47\ días$$

Cantidad de gasoil necesario para poner en marcha el digestor:

$$V_{gas-oil} = \frac{C_{INT} \cdot t_{PM}}{\frac{8.200}{1.000} \cdot 0,85} = 2.175,7\ kg.gasoil$$

8. Almacenamiento de gas y quemador

– La producción horaria de gas puede estimarse según Eckenfelder en:

1 m^3 N/kg. SSV eliminado

$$P_{GAS} = 1 \cdot 542,8\left(\frac{Kg}{d}\right) = 542,8\frac{m^3 \cdot N}{d} = 22,62\frac{m^3 \cdot N}{h}$$

– El consumo de gas necesario es:

Q_{gas} = 10,725 m^3 N/h

– Caudal excedente de gas:

E.G = P_{GAS} – Q_{GAS} =22,62 – 10,725 = 11,89 m^3 N/h

– Volumen necesario de gasómetro:

Se adopta un volumen tal que se pueda almacenar la producción de 12 horas.

$V_{GASOMETRO}$ = 12 · P_{GAS} = 12 · 22,62 = 271,4 m^3

– Quemador de gas:

Se adopta una unidad que tenga una capacidad de combustión superior en un 25% al caudal excedente de gas.

$P_{QUEMADOR}$ = 1,25 · 11,89 = 14,86 m^3 N/h

6. DESHIDRATACIÓN DE FANGOS

6.1. Conceptos teóricos

6.1.1. Consideraciones generales

La eliminación de agua de los fangos se consigue en tres escalones: Espesado, deshidratación y secado. Para el agua libre e intersticial basta con el espesado de fangos. Para la separación del agua capilar y de adhesión es necesaria una deshidratación, donde se precisan fuerzas mecánicas (filtros banda) o fuerzas gravitatorias complementarias (centrífugas). El agua de adsorción, de constitución, secado, precisa energías térmicas.

La tabla siguiente muestra un resumen de las diferentes posibilidades, distinguiéndose los procesos naturales y los artificiales.

Tabla III.6.1.: *Sistemas de eliminación del agua de los fangos*

	PROCEDIMIENTO	BASE TEORICA	PROCESOS UNITARIOS
MEDIOS NATURALES	Espesado	Gravedad	Espesador continuo o discontinuo
	Deshidratación	Gravedad y Energía solar	Eras de secado Lagunas de fangos
	Secado	Fuerzas térmicas	Eras de secado
MEDIOS ARTIFICIALES	Espesado	Gravedad	Espesador continuo o discontinuo
		Flotación	Espesador de flotación
	Deshidratación	Procedimientos estáticos y de presión	Filtro banda
		Generación de sobrepresión o de presión	Filtración de vacío Filtro presa
		Procedimientos dinámicos: campos gravitatorios artificiales	Centrífugas
	Secado	Fuerzas térmicas	Secadores térmicos

La elección del sistema más adecuado, dependerá del contenido de materia seca deseado en el fango final, teniendo en cuenta que, en función del contenido en agua, las características del fango son distintas.

6.1.2. Eras de secado

El método consiste en incorporar sobre una balsa con arena, con fondo drenado, los fangos que deben estar bien estabilizados. De esta forma se efectúa una primera pérdida de agua por drenaje, a la vez que los fangos van decantando. Simultáneamente se pierde agua por evaporación.

La figura siguiente muestra un esquema de una instalación de este tipo:

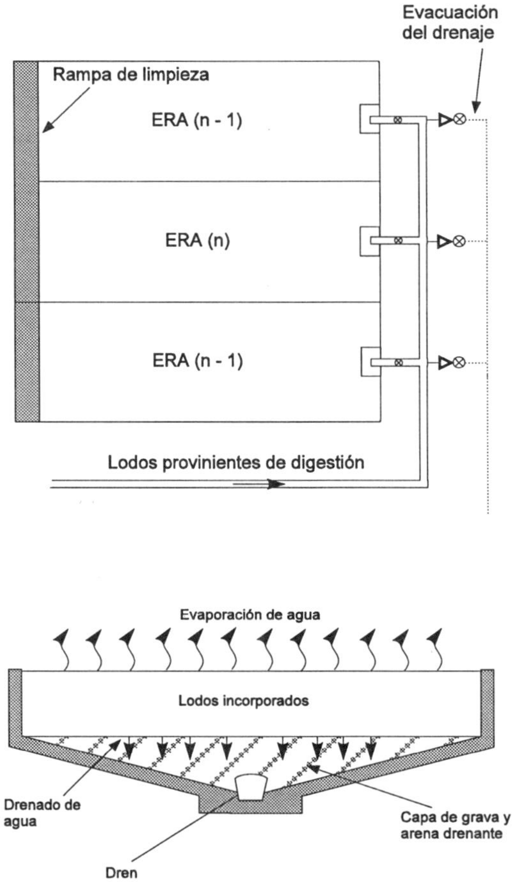

Fig. III.6.1. *Era de secado*

Las paredes y fondo de las eras se construyen impermeables. El dren de fondo recoge el líquido drenado para su reincorporación a la línea de agua de la depuradora. La pendiente mínima de los drenes debe ser > 1%.

La capa drenante queda constituida por una capa soporte de 20 a 40 cm de grava con granulometría entre 0,3 a 2,3 cm, y una capa verdaderamente drenante de 10 a 20 cm de arena con una granulometría entre 0,3 y 1,2 mm, con coeficiente de uniformidad inferior a 4.

Las eras pueden ser descubiertas, o cubiertas en zonas lluviosas.

El problema fundamental de las eras es la extracción de los fangos, una vez que el mismo haya alcanzado la sequedad deseada, al ser una operación que debe realizarse de forma manual, exigiendo muchas horas - hombre. Este es el motivo fundamental por el cual este tipo de instalaciones solamente se emplean en plantas pequeñas.

Las tablas siguientes dan los parámetros necesarios para el dimensionado de una era de secado.

Tabla III.6.2.: *Parámetro de diseño para eras de secado*

	SUPERFICIE DE ERAS DE SECADO		**CARGA DE FANGO**
TIPO DE FANGO	**ERAS DESCUBIERTAS (m^2/1.000 h eq)**	**ERAS CUBIERTAS (m^2/1.000 h eq)**	**Kg. MS/m^2 año**
Primario digerido	0,09-0,14	0,07-0,09	125-145
Primario y humus de lecho bacteriano digerido	0,11-0,16	0,09-0,11	90-120
Primario y fango activado digerido	0,16-0,23	0,11-0,14	60-95
Primario y químicamente precipitado digerido	0,18-0,23	0,11-0,14	100-160

6.1.3. Filtros banda

Los filtros banda son dispositivos de deshidratación de fangos de alimentación continua que incluyen el acondicionamiento químico, drenaje por gravedad y aplicación mecánica de presión para deshidratar el fango. Los filtros banda han resultado ser efectivos para casi todos los tipos de fangos de aguas residuales municipales y son por tanto uno de los sistemas de deshidratación más extendidos.

En la mayoría de los filtros banda, el fango acondicionado es introducido, en primer lugar, en una zona de drenaje por gravedad donde se produce su espesado. En esta fase, la mayor parte del agua libre se elimina por gravedad. A continuación del drenaje por gravedad, el fango pasa a una zona de baja presión donde es comprimido entre dos telas porosas opuestas. En algunas unidades, esta zona de aplicación de presión baja va seguida de otra de alta presión, en la que el fango se somete a esfuerzos tangenciales a medida que las bandas pasan a través de una serie de rodillos. Estos esfuerzos de prensado y tangenciales favorecen la liberación de cantidades adicionales de agua contenida en el fango. La torta de fango deshidratado se separa de las bandas mediante rascadores.

La figura muestra un esquema del proceso:

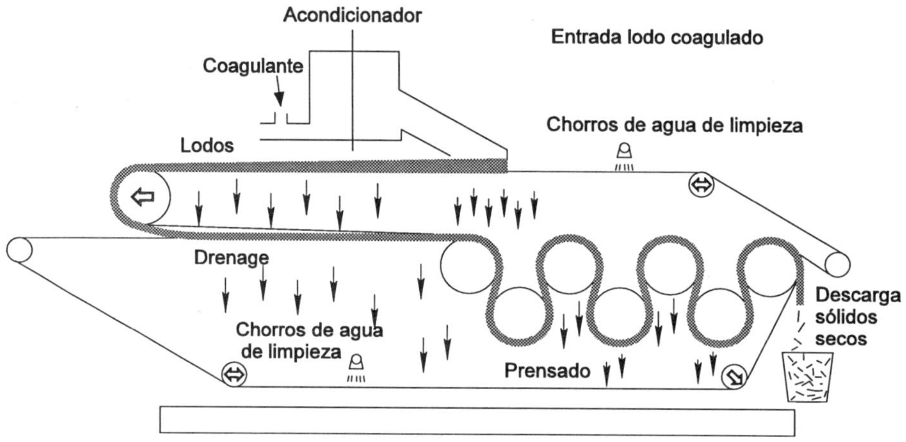

Fig. III.6.2. *Esquema filtro banda*

Un sistema de filtros banda típico está formado por:

- Bombas de alimentación de fango al filtro
- Equipos de dosificación del polielectrolito, compuestos de:
  - Bombas dosificadoras de polielectrolito
  - Tanques de mezcla
  - Tanque de maduración
  - Tolva de almacenamiento y dosificación del producto
- Bombas de lavado de agua, con su grupo de presión
- Floculador: para conseguir una mezcla íntima fango-polielectrolito
- Filtro banda
- Cinta o tornillo para evacuar la torta de fango seco

Las principales variables que influyen en el rendimiento de los filtros son:

- Características del fango
- Método y tipo de acondicionamiento del fango
- Presión aplicada por las bandas
- Porosidad y anchura de las bandas
- Velocidad de giro de las bandas

Los principales parámetros de diseño para este tipo de instalaciones son los siguientes:

- Carga de aplicación de fango 90-680 kg/m h
- Agua de lavado 1,6-6,3 l/m s
- Presión de lavado 50-70 m.c.a.

Los rendimientos típicos obtenidos en este tipo de instalaciones vienen reflejados en la tabla siguiente:

Tabla III.6.3.: *Tabla rendimientos típicos de deshidratación en filtros banda*

	% SOLIDOS EN FANGO		% SOLIDOS ESCURRIDOS	CONSUMO POLIELECTROLITO Kg/Tn. M.S
TIPO DE FANGO	**ENTRADA**	**SALIDA**		
Sin digerir:				
Primario	3-7	28-40	0,08-0,12	3,5-5,0
Primario + F. exceso activado	3-6	20-35	0,08-0,12	4,5-5,5
Primario + F. lecho bacteriano	3-6	20-35	0,08-0,12	4,5-5,5
F. exceso (oxid. Prolongada)	1-4	12-20	0,2-0,3	5,0-6,5
Digerido aeróbicamente:				
Primario + F. exceso activado	3-6	15-20	0,18-0,24	5,0-6,0
F. exceso activado	1-3	10-15	0,2-0,3	5,5-7,5
Digerido anaeróbicamente:				
Primario	3-7	25-35	0,1-0,12	3,0-4,0
Primario + F. exceso activado	3-6	20-25	0,1-0,12	3,5-5,0
Primario + F. lecho bacteriano	3-6	20-25	0,1-0,12	3,5-5,0

6.1.4. Centrifugación

El proceso de centrifugación, utilizado desde hace mucho tiempo, se basa en la acción centrípeta para la separación sólido - líquido por diferencia de densidades.

Existen tres diseños de centrífuga: Cónica, cilíndrica y el cilindro - cónica, según cuál sea la forma de la camisa del cilindro. En la figura adjunta se muestra un ejemplo de centrifugadora cilindro – cónica.

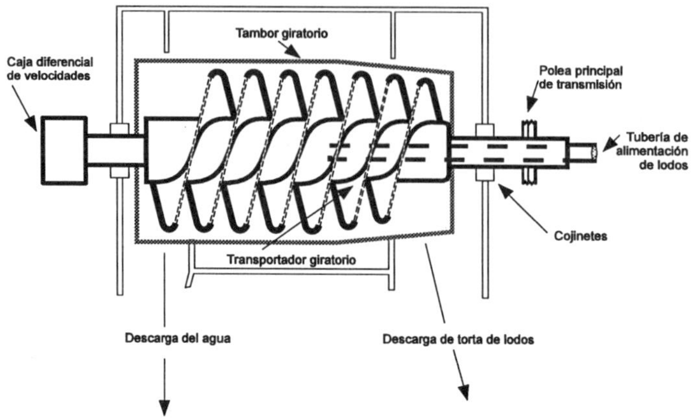

Fig. III.6.3. *Esquema centrifugadora para deshidratación cilindro-cónica*

El fango se introduce a caudal constante en la cuba giratoria donde se separa en una torta densa que contiene los sólidos y una corriente diluida que contiene sólidos finos de poca densidad y se retorna al clarificador primario o al espesador de fangos. La torta de fango conteniendo aproximadamente el 70 al 80% de humedad se descarga desde la cuba, mediante un alimentador de tornillo sin fin, a una tolva o a una cinta transportadora.

Los sistemas de deshidratación basados en una centrifugadora son similares a los descritos en el apartado anterior para los filtros banda, si bien, en este caso, los reactivos para el acondicionamiento de fango suelen añadirse en el interior de la propia máquina.

Las principales variables que influyen en el rendimiento de las centrifugadoras son:

- Características del fango
- Método y tipo de acondicionamiento del fango
- Longitud del cilindro
- Velocidad diferencial de trabajo

Los valores de rendimientos a obtener, concentración del escurrido y consumo de polielectrolito son muy similares a los indicados para los filtros banda en la tabla III.6.3., pudiéndose adoptar perfectamente esos valores para el diseño de una instalación de este tipo.

6.1.5. Filtro prensa

Básicamente el filtro prensa consiste en un cierto número de bandejas, que están colocadas sobre unas guías para garantizar la alineación, siendo sometidas todas juntas a presión por sistemas electromecánicos e hidráulicos entre un extremo fijo y uno móvil.

En la cara de cada bandeja, va montada una membrana filtrante. El fango se impulsa al filtro prensa mediante conductos, llegando a través de orificios en las bandejas a los huecos entre las bandejas, hasta que dichas cavidades quedan llenas del fango húmedo. El fango queda así entre las dos membranas filtrantes de cada cavidad. El agua puede salir a través de las membranas pero no el fango.

Las caras de las bandejas tienen nervios piramidales, de forma que al presionar el agua puede fluir entre la membrana y el fondo de las acanaladuras. Al ejercerse la presión sobre las bandejas, el fango comprimido suelta el agua, que pasa a través de las membranas, dejando entre las telas una concentración de sólidos del 45-55%.

Al moverse el extremo móvil, se abre la separación entre cada dos bandejas, dejando salir la torta de fangos formada.

Con este sistema se alcanzan unas capacidades de filtración normal de 4-8 kg. M.S. /m^2 h e incluso hasta 10 kg. M.S. /m^2 h con sequedad del 50%.

La presión normal suele ser de 15 bar, formando tortas con espesores de 15-30 mm.

Las principales ventajas de este tipo de instalaciones son:

- Elevada concentración de sólidos en la torta (> 40%)
- Baja concentración de sólidos en el escurrido

Los principales inconvenientes:

- Funcionamiento discontinuo (ciclos que varían de 1 a 6 horas)
- Elevado coste de los equipos
- Elevado coste de mano de obra cualificada
- Los equipos suelen ocupar una gran superficie
- Problemas de incrustaciones cuando se usa cal

6.1.6. Lagunas de fangos

Son lagunas utilizadas para eliminar los fangos, con profundidades de 2,0 a 2,4 m. Para alcanzar un fango con contenido en agua inferior al 80% se precisaría un año. Normalmente se construyen en grupos de tres, con el siguiente ciclo: 1 año llenándose, 18 meses de secado y 6 meses de reserva. Con este ciclo pueden alcanzarse contenidos de agua inferiores al 65%, basando la desecación en la evaporación y evapotranspiración, ya que surgirá en la laguna una vegetación importante.

Estas lagunas realmente sólo se utilizan como depósitos de reserva, cuando los fangos se destinan a abonado de suelos, sirviendo como depósito de regulación entre abonados. La parte profunda de la laguna permanece con una humedad siempre superior al 90%.

6.2. Caso práctico de dimensionamiento

DATOS DE DISEÑO:

Fangos procedentes de digestión:

- F_{DIG} (SST) = 1.462,2 kg. SST/d
- Concentración fango digerido: C_{FDIG} = 5% = 50 kg/m^3

Fijamos además las siguientes condiciones de funcionamiento:

- Concentración fango deshidratado: C_{FDESH} = 25%
- Días de trabajo a la semana: d_S = 5 días/sem
- Horas de funcionamiento diarias: h_D = 8 h/día
- Sistema de deshidratación: Filtro banda

CALCULO:

1. Depósito tampón de fangos digeridos

Es conveniente disponer siempre, dado el funcionamiento discontinuo de las instalaciones de deshidratación, de un depósito de fango digerido que garantice una cierta capacidad de tampón.

Teniendo en cuenta que en nuestra instalación no se prevé deshidratar los fines de semana, adoptamos un depósito con un tiempo de retención de 3 días.

$$t_R = 3 \text{ días}$$

$$Q_{DESH} = \frac{F_{DIG}}{C_{FDIG}} = \frac{1.462,2}{50} = 29,24 \frac{m^3}{d}$$

Volumen depósito = 3 · 29,24 = 87,72 m^3

Adoptamos una unidad circular de:

- Diámetro: 7 m
- Altura recta: 2,5 m

$$\text{Volumen real} = \pi \cdot r^2 \cdot h = \pi \cdot 3,5^2 \cdot 2,5 = 96,21\, m^3$$

$$t_{R\ real} = 3,3 \text{ días}$$

2. Cálculo del filtro banda

- Horas de funcionamiento semanal en deshidratación

$$H_F = d_S \cdot h_D = 5 \cdot 8 = 40\, h / semana$$

- Caudal diario de fango a secar

$$Q_{DESH} = \frac{F_{DIG}}{C_{FDIG}} = \frac{1.462{,}2}{50} = 29{,}24 \frac{m^3}{d}$$

- Caudal de fango seco

$$Q_{SECO} = \frac{F_{DIG}}{C_{FDESH}} = \frac{1.462{,}2}{250} = 5{,}85 \frac{m^3}{d}$$

- Caudal horario de fango a secado

$$Q'_{DESH} = Q_{DESH} \cdot \frac{7 \frac{d}{sem}}{40 \frac{h}{sem}} = 5{,}12 \frac{m^3}{h}$$

- Carga horaria de fango

$$C_F = F_{DIG} \cdot \frac{7 \frac{d}{sem}}{40 \frac{h}{sem}} = 255{,}9 \frac{kg}{h}$$

Adoptamos dos unidades de Filtros Banda, por lo que el caudal de alimentación a cada uno de ellos será:

$$Q_{F.BANDA} = \frac{Q'_{DESH}}{2} = \frac{5{,}12}{2} = 2{,}56 \frac{m^3}{h}$$

Adoptamos una carga de fango por ancho de banda de 200 kg/m h.

Carga de fango = 200 = $\dfrac{C_F}{A \cdot N^o\ filtros} = \dfrac{255{,}9}{A \cdot 2}$

De donde, el ancho de banda será:

$$A = \frac{255{,}9}{200 \cdot 2} = 0{,}64\, m$$

Se adopta un ancho de banda comercial de 0,75 m

$$\text{Carga de fango real} = \frac{255{,}9}{0{,}75 \cdot 2} = 170{,}6 \frac{kg.SST}{m \cdot h}$$

3. Caudal del agua de lavado

Adoptamos según el apartado 6.1.3. un caudal de agua de lavado de 1,7 l/m s .
Caudal agua de lavado: 1,7 · 1,5 = 2,55 l/s
Se adoptan 3 bombas (una de reserva) de 1,27 l/s cada una a 60 m.c.a.

4. Dosificación de reactivos

- Concentración de la selección de polielectrolito: 0,55% = 5,5 kg/m^3
- Dosificación máxima prevista (según tabla III.6.3.): D_{POL} = 5,0 kg/T.M.S.
- Consumo máximo de polielectrolito al día:

$$C_{POLI} = \frac{F_{DIG}}{1.000} \cdot D_{POLI} \cdot \frac{7}{5} = \frac{1.462{,}2}{1.000} \cdot 5{,}0 \cdot \frac{7}{5} = 10{,}24 \frac{kg}{día}$$

- Caudal diario de solución al 0,55%

$$Q_{POLI} = \frac{C_{POLI}}{5{,}5} = \frac{10{,}24}{5{,}5} = 1{,}86\, m^3$$

- Se adoptan dos depósitos de preparación de la solución de 1 m^3 de capacidad cada uno
- Consumo máximo horario de polielectrolito

$$C_{POLI,MAX} = \frac{F_{DIG}}{1.000} \cdot D_{POLI} \cdot \frac{7}{40} = \frac{1.462{,}2}{1.000} \cdot 5{,}0 \cdot \frac{7}{40} = 1{,}28 \frac{kg}{h}$$

- Caudal unitario de las bombas de polielectrolito

  Adoptamos tres bombas (una en reserva) de caudal unitario:

$$Q_{B,MAX} = \frac{C_{POLI,MAX}}{5} \cdot 1.000 = 255 \frac{l}{h}$$

BIBLIOGRAFIA

Abwassertechnische Vereinigung e.V.(A.T.V)
Norm A-131:Dimensioning of single stage activated sludge plants upwards from 5.000 total inhabitants and population equivalents.
G.F.A. St. Augustin, Febrero 1991

Bever, J., Teichmann,H.
Weitergehende Abwasserreinigung
München 1990

Ekama,G.A., Marais,G.v.R. et al.
Theory, design and operation of nutrient removal activated sludge processes.
Pretoria, 1984

Hernández Muñoz, A.
Depuración de aguas residuales
Colección Seinor nº 9. Colegio de Ingenieros de Caminos, Canales y Puertos
Ed. Paraninfo. Madrid, 1996

Hernández Muñoz,A., Hernández Lehmann,A. y Galán Martinez,P.
Manual de depuración URALITA: Sistemas para depuración de aguas residuales en núcleos de hasta 20.000 habitantes
URALITA Productos y Servicios
Ed. Paraninfo. Madrid, 1995

Metcalf & Eddy
Ingeniería de aguas residuales:Tratamiento, vertido y reutilización
McGraw-Hill. 3ª Edición, Madrid 1995

Ronzano y col.
Tratamiento biológico de las aguas residuales
PRIDESA. Madrid, 1996

NOTAS

① **FANGOS PRIMARIOS** (pg. 39)

$F_1 = k \cdot SS$ (kg/d) $k = 0,6$

· Concentración: $Q_{F1} = \frac{F_1}{C}$ $C = 4\% \simeq 40$ kg/m^3

② **FANGOS EXCESO**

$F_{exc.} = n^{o} \cdot DBO_5 eliminada$ (kg/d) → tabla pg. 93

$DBO_5 elim = DBO_5 e.bs - DBO_5$

③ **DIGESTIÓN AEROBIA**

$n = 35 - 40\%$

$C = \frac{F_1 \cdot C_1 + F_2 \cdot C_2}{F_1 + F_2}$

· Entrada al Digestor:

$Q_e = \frac{F_1 + F_2}{C}$

· Salida del Digestor:

F1: · Volátiles – 80% · F1; · Fijos – 20% · F1

F2: · Volátiles – 90% · F2; · Fijos – 10% · F2

· Salida = Total Fijos + (1 − n) · Total Volátiles

④ PB - ANAEROBIA

① Bact. [illegible]: βS (161) → C (FA) — 8%
↓ Q

[illegible]%
[illegible]

F (7) → 4%

→ Hace lo mismo pero con menos C